AI绘画精讲

Stable Diffusion

从入门到精通

孟德轩　韩凤鸣　编著

内 容 提 要

Stable Diffusion 是一款非常受欢迎的 AI 绘画与设计软件。AI 绘画和传统绘画有什么不同、AI 绘画的基本逻辑是什么、如何让 AI 绘画软件为我们工作、如何生成符合要求的作品，本书将一一进行解析。

本书共 13 章内容。首先循序渐进地介绍了 AI 绘画的主要工具，Stable Diffusion 的部署和安装，五种 AI 绘画模型解析，文生图、图生图等基础功能及插件 ControlNet 的使用；然后通过实战案例详细介绍了 Stable Diffusion 在各个行业中的使用，包括游戏、电商、插画、建筑等；最后对 AI 绘画与设计的问题和未来展望进行了思考。

本书将为读者打开 AI 艺术革命的大门，发掘其在艺术领域中的无限可能性。通过阅读本书，读者不仅可以深入了解 AI 绘画工具 Stable Diffusion 的创新魅力，还可以了解其技术原理、使用技巧和应用方法。无论是艺术家、设计师、技术爱好者还是相关领域的专业人士，都能从本书中获得启发与指导，从而将 AI 与绘画的结合推向更高的境界。

图书在版编目（CIP）数据

AI 绘画精讲：Stable Diffusion 从入门到精通 / 孟德轩，韩凤鸣编著 . -- 北京：北京大学出版社，2024. 8. -- ISBN 978-7-301-35208-3

Ⅰ . TP391.413

中国国家版本馆 CIP 数据核字第 20247VN964 号

书　　名	AI 绘画精讲：Stable Diffusion 从入门到精通 AI HUIHUA JINGJIANG：STABLE DIFFUSION CONG RUMEN DAO JINGTONG
著作责任者	孟德轩　韩凤鸣　编著
责任编辑	王继伟　姜宝雪
标准书号	ISBN 978-7-301-35208-3
出版发行	北京大学出版社
地　　址	北京市海淀区成府路 205 号　100871
网　　址	http://www.pup.cn　　新浪微博：@ 北京大学出版社
电子邮箱	编辑部 pup7@pup.cn　总编室 zpup@pup.cn
电　　话	邮购部 010-62752015　发行部 010-62750672　编辑部 010-62570390
印 刷 者	北京宏伟双华印刷有限公司
经 销 者	新华书店
	787 毫米 ×1092 毫米　16 开本　12.5 印张　296 千字
	2024 年 8 月第 1 版　2024 年 8 月第 1 次印刷
印　　数	1-3000 册
定　　价	79.00 元

前言

这本书，献给每一个热爱艺术、热爱创新的你。它如同一座桥梁，将你引向一个充满无限可能和惊喜的艺术世界。在这个世界里，人工智能与艺术完美地结合在一起，它们相互碰撞，相互激发，创造出令人瞩目的火花。

Stable Diffusion，这个强大的 AI 绘画工具，是本书的主角。它不仅为艺术家们提供了一个全新的创作工具，而且为他们插上了想象的翅膀，让他们在创作的天空中自由翱翔。无论你是初出茅庐的绘画新手，还是经验丰富的艺术大师，Stable Diffusion 都能为你带来前所未有的启发和惊喜。

通过本书，你将深入了解 Stable Diffusion 的工作原理、使用技巧及实战案例。你将学会如何利用这个神奇的工具，将自己的创意和想法转化为一幅幅精美的画作。同时，你还将领略到人工智能技术的魅力，以及它们如何为艺术创作注入新的生命力和活力。

在这个充满变革的时代，艺术与技术的结合为我们带来了前所未有的机遇和挑战。本书将为你提供指导和鼓励，让你勇敢地迎接这些挑战，发掘自己的潜力，创造出独一无二的艺术之美。

愿你在阅读本书的过程中，能够感受到艺术的激情和创新的快乐。愿你在创作的道路上，能够发现自己的价值，实现自己的梦想。无论未来会带给我们什么，让我们一起用 Stable Diffusion 绘出属于我们的精彩画卷。

温馨提示：本书提供的附赠资源，读者可以通过扫描封底二维码，关注“博雅读书社”微信公众号，输入本书 77 页的资源下载码，根据提示获取。

目录

第1章

01 初见：开启 AI 绘画之旅

AI 绘画工具的发展从数据驱动到创造性增强，再到交互性和用户参与，最终进入混合创作和实用工具的阶段。这些发展使得 AI 工具不仅为创造出独特、创新的艺术作品提供了新的可能性、降低了创作门槛，还逐渐在绘画、设计、广告和游戏等领域发挥了重要作用。

第 1 章通过追溯 AI 绘画的发展过程，阐释 AI 绘画的生成原理，介绍当下热门的 AI 绘画工具，让读者对 AI 绘画有一定程度的了解。

1.1 AI 绘画的定义与发展史

本节的主要内容是 AI 绘画的定义以及发展的历史脉络，让读者了解研发 AI 绘画的初衷，以及科技发展的应用等各种因素是如何影响并推动 AI 绘画形成今日局面的，如图 1-1 所示。

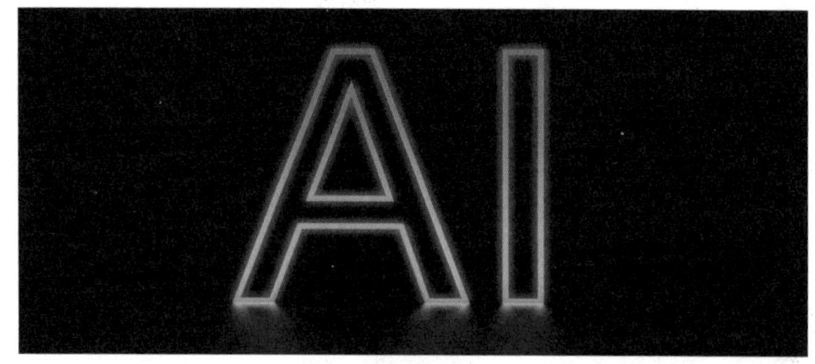

图 1-1

1.1.1 AI 绘画的定义

AI 绘画是一种利用人工智能技术来辅助或创作绘画艺术作品的工具。AI 绘画将计算机科学、机器学习和艺术创作结合起来，再通过算法和模型，让计算机不仅能够模仿和生成艺术作品，还能与艺术家共同创作。

1.1.2 AI 绘画的发展史

❶ 起源

人工智能艺术的历史可以追溯到 1973 年，当时美国计算机科学家哈罗德·科恩（Harold Cohen）研发了一款名为“AARON”的计算机程序，如图 1-2 所示。该程序具有自动生成抽象艺术图像的功能，并成功创作了第一幅人工智能画作。这一革命性的成果不仅标志着计算机科学在艺术创作研究领域取得了突破性进展，而且成了人工智能艺术发展史上的里程碑。

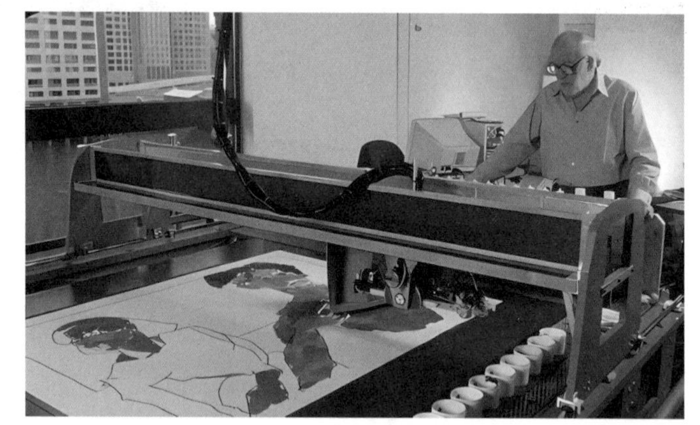
图 1-2

❷ 生成对抗网络（GAN）

2014 年，Ian J. Goodfellow 等人首次提出了生成对抗网络（Generative Adversarial Networks，GAN），它具有生成逼真图像的功能。

GAN 包含两个组件：生成器和鉴别器。生成器能够生成类似于训练数据的新数据，比如图像；而鉴别器则负责判断生成器创建的数据是否真实。将生成模型和判别模型进行对抗性训练，GAN 就能生成具有真实感的图像。

❸ 扩散模型（Diffusion Model）

2022 年，扩散模型在 AI 绘画领域崭露头角，不仅为生成高质量图像提供了更加高效便捷的方法，还将人工智能艺术的发展推向了新高度。

扩散模型是一种生成模型，能够将简单的随机噪声信号转化为更复杂的数据，再通过扩散训练实现生成。其训练过程分为两个部分：一是前向扩散过程（Forward Diffusion Process），即向图片中不断添加噪声，直到图片变成完全的噪点图片，如图 1-3 所示；二是反向扩散过程（Reverse Diffusion Process），即将噪点图片还原为原始图片。

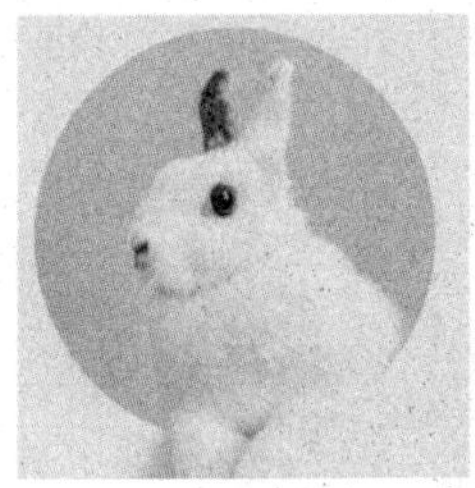
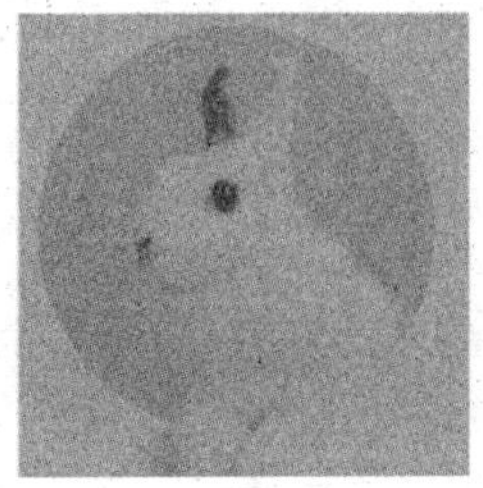

图 1-3

与 GAN 不同的是，扩散模型的生成输出过程是连续的，能使图像的生成输出更加稳定、更易于控制。此外，扩散模型使用较少的计算资源就能生成高质量图像，还能在不发生模式崩溃的情况下，生成不同的输出，其计算成本和性能都优于 GAN。

❹ AI 绘画工具

在扩散模型的基础上，AI 研究人员又研发出了易于上手且生成速度更快的 AI 绘画工具。AI 绘画工具使普通人都能通过 AI 创造出艺术作品，这也逐渐掀起了人工智能艺术在绘画、设计等领域广泛应用的热潮。

自 2022 年以来，承载着新技术的 AI 艺术已逐渐演变为一种新的独立艺术形式，为人们的创作和表达带来了更多的可能性。

1.2 主流的 AI 绘画工具

AI 绘画工具乘着数字化浪潮的东风快速崛起，已逐渐发展成了艺术创作领域的一股新势力。在众多 AI 绘画工具中，有 5 个备受关注，分别是 Stable Diffusion、DALL-E2、Midjourney、文心一格和 Firefly。下面将逐一介绍这些工具，深入探索它们的特点和优势。

1.2.1 Stable Diffusion

Stable Diffusion 是一款从文本到图像的潜在扩散模型，其操作界面如图 1-4 所示。该模型由初创公司 Stability AI、慕尼黑大学机器视觉与学习小组以及神经网络视频公司 Runway 合作研发，首次发布于 2022 年 8 月，而在同年 11 月更新的 2.0 版本更是给用户带来了震撼的体验，引起了业界的广泛讨论。它不仅能用给出的任意文本生成逼真图像，还能对模型进行训练，从而生成具有个人风格的图像。其良好的性能和实用性，使得数亿用户在几秒钟内就可以创作出令人惊叹的艺术作品。

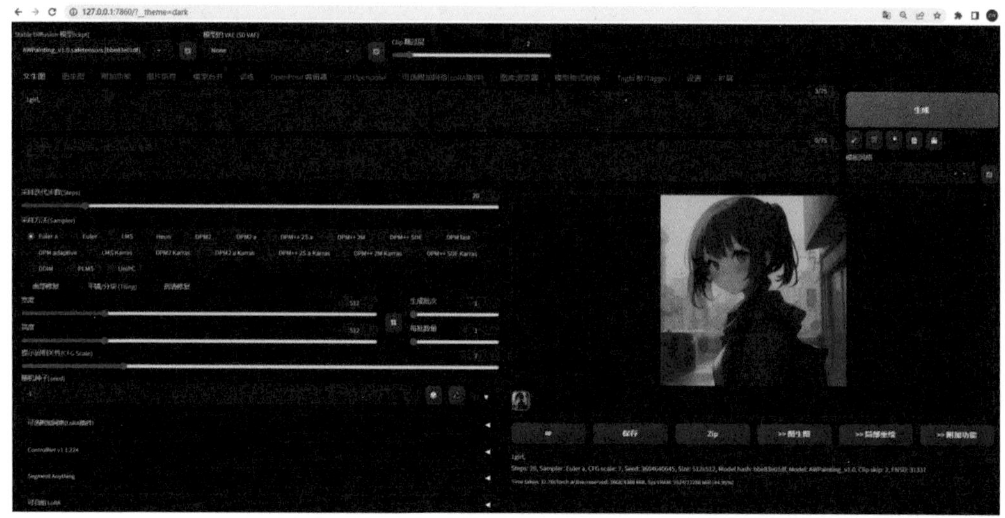

图 1-4

Stable Diffusion 在 AI 绘画工具领域能够脱颖而出，自有其独特优势，如软件开源、高度拓展性、内容无限制等特点，下面将对这些特点展开具体分析。

❶ 软件开源

软件开源指的是软件的源代码是公开的，允许用户自由访问、使用、修改和开发软件。开源的目的是促进软件开发的合作和创新，让更多的用户能够参与到软件的开发和改进中来，这也是 Stable Diffusion 作为开源模型发布的初衷。

Stability AI 的创始人兼首席执行官 Emad Mostaque 希望能有更多的人通过开源代码使用和改进 Stable Diffusion 的模型，从而推动人工智能技术的发展和应用。他希望有更多的人通过艺术展现自己的创造力和交流能力，让 AI 绘画工具为更广泛的社会群体造福，对社会和科学产生积极影响。

❷ 高度拓展性

Stable Diffusion 的模型易于扩展和优化，允许研究者和开发者对其进行个性化的优化和定制。开放源代码也为该模型的优化和扩展提供了支持，如图 1-5 所示，Stable Diffusion 可以下载安装各类插件，辅助生成各类图像，适应不同的需求和应用场景。

Extension 扩展	URL 网址	Version 版本信息	Update 更新
a1111-sd-webui-tagcomplete Tag自动补全	https://gitcode.net/ranting8323/a1111-sd-webui-tagcomplete	9b66d421 (Mon Jun 5 19:50:30 2023)	unknown 未知
multidiffusion-upscaler-for-automatic1111 MultiDiffusion 放大器	https://gitcode.net/ranting8323/multidiffusion-upscaler-for-automatic1111.git	70b3c5ea (Sun May 28 09:11:28 2023)	unknown 未知
openpose-editor OpenPose 编辑器插件	https://ghproxy.com/https://github.com/fkunn1326/openpose-editor.git	722bca6f (Sat Jun 3 04:54:52 2023)	unknown 未知
sd-webui-3d-open-pose-editor	https://ghproxy.com/https://github.com/nonnonstop/sd-webui-3d-open-pose-editor.git	f2d5aac5 (Sat Apr 15 13:21:06 2023)	unknown 未知
sd-webui-additional-networks 可选附加网络(LoRA插件)	https://gitcode.net/ranting8323/sd-webui-additional-networks	e9f3d622 (Tue May 23 12:31:15 2023)	unknown 未知
sd-webui-bilingual-localization 双语对照翻译插件	https://github.com/journey-ad/sd-webui-bilingual-localization	89a02280 (Thu Apr 27 03:54:25 2023)	unknown 未知
sd-webui-controlnet ControlNet 插件	https://gitcode.net/ranting8323/sd-webui-controlnet	05e66969 (Fri Jun 9 05:50:02 2023)	unknown 未知
sd-webui-inpaint-anything	https://github.com/Uminosachi/sd-webui-inpaint-anything.git	8888d197 (Sun Aug 6 09:53:17 2023)	unknown 未知
sd-webui-model-converter 模型格式转换插件	https://gitcode.net/ranting8323/sd-webui-model-converter	f6e0fa53 (Tue May 23 13:04:48 2023)	unknown 未知
stable-diffusion-webui-images-browser 图库浏览器	https://gitcode.net/ranting8323/stable-diffusion-webui-images-browser	b2f6e4cb (Thu Jun 8 08:11:43 2023)	unknown 未知
stable-diffusion-webui-localization-zh_CN 简体中文语言包	https://gitcode.net/ranting8323/stable-diffusion-webui-localization-zh_CN	582ca24d (Thu Mar 30 07:06:14 2023)	unknown 未知
stable-diffusion-webui-localization-zh_Hans	https://gitcode.net/overbill1683/stable-diffusion-webui-localization-zh_Hans	a53e1308 (Thu Jun 8 15:00:02 2023)	unknown 未知
stable-diffusion-webui-wd14-tagger Waifu Diffusion 1.4 标签器	https://gitcode.net/ranting8323/stable-diffusion-webui-wd14-tagger	3ba3a735 (Sat Mar 25 20:32:37 2023)	unknown 未知
LDSR	built-in 内置		
Lora	built-in 内置		
ScuNET	built-in 内置		
SwinIR	built-in 内置		
prompt-bracket-checker	built-in 内置		

图 1-5

❸ 内容无限制

Stable Diffusion 的内容生成能力几乎是无限的，其生成的内容采用可训练自定义模型的方式。用户可以使用自己的数据集和算法来训练模型，从而生成个性化的文本、图像、音频和视频等内容。此外，Stable Diffusion 还支持众多 Lora 类模型和各类插件，如图 1-6 所示，模型和插件能帮助用户更精准地控制内容的生成。Stable Diffusion 目前已广泛应用于艺术、设计、科学、工程等多个领域。

图 1-6

1.2.2 DALL-E 2

在2021年初，人工智能研发公司OpenAI发布了一款基于第一代工具DALL-E研发而来的文本生成图像系统，即DALL-E2，其操作界面如图1-7所示。它能够根据用户提供的自然语言描述、概念、属性和样式生成原创的艺术作品。如今，DALL-E 2已经成为数字艺术和创意设计领域中不可或缺的重要工具，能够帮助艺术家和设计师高效地创作出更为复杂且优质的作品。

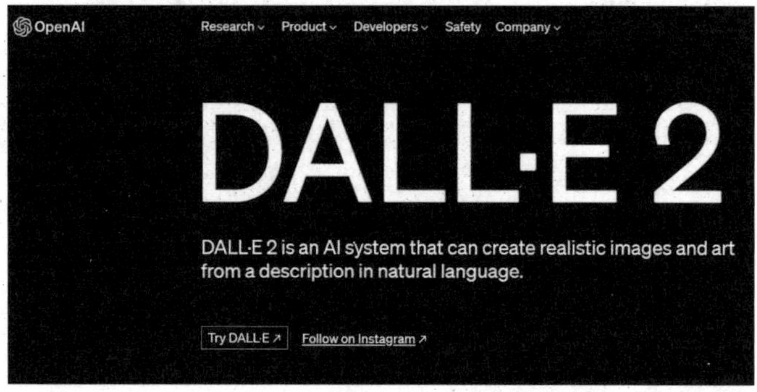

图1-7

用户只需访问相应的网站进入DALL-E 2的界面，将使用的关键词文本输入生成框中，即可轻松生成图像，如图1-8所示。这种便捷的操作方式使得用户可以快速上手，无须专业技能或复杂的操作步骤即可创作出自己想象中的图像。

图1-8

1.2.3 Midjourney

在2022年3月，由Leap Motion公司创始人David Holz领导的一个小型自筹资金团队，发布了一款名为Midjourney的创新型AI制图工具，其界面设计简单且富有创意，如图1-9所示。它以强大的算法和技术为基础，通过用户提供的关键字快速生成图像。无论是具象的人物、场景，还是抽象的概念、情感主题，Midjourney都能快速捕捉到用户的意图，并将其呈现在视觉表达上。

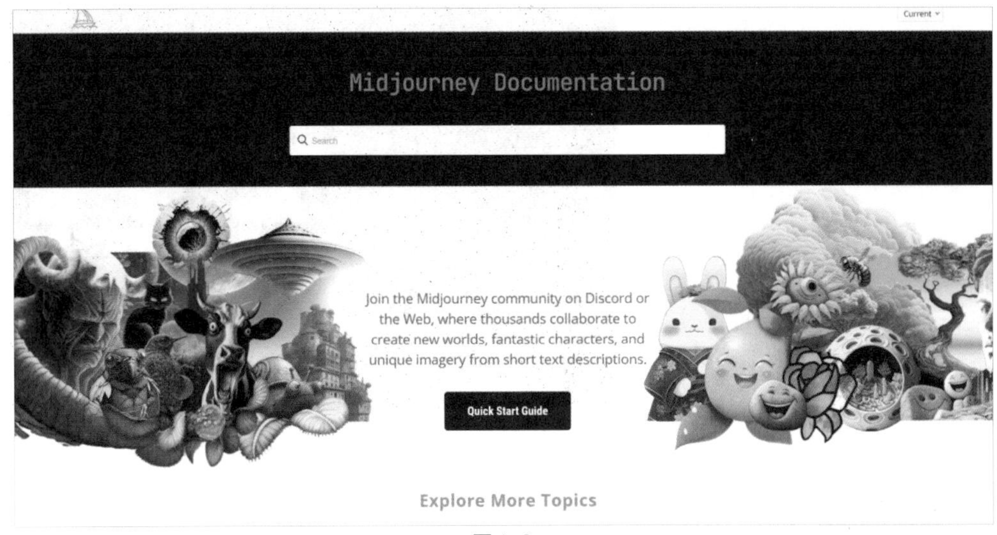

图 1-9

Midjourney 目前只能通过官方 Discord 服务器上的 Discord 机器人来访问和使用。用户可以直接向机器人发送消息或邀请机器人加入第三方服务器与其进行交互，其使用界面如图 1-10 所示。另外，Midjourney 的部分功能与 DALL-E2 相似，但前者的出图质量明显优于后者。

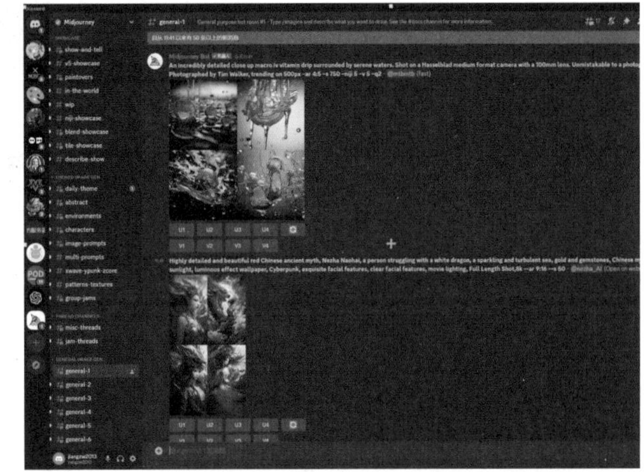

图 1-10

1.2.4 文心一格

2022 年 8 月，在中国图象图形大会 CCIG 2022 上，百度发布了其全新的 AI 绘画工具——文心一格，其首页如图 1-11 所示。它是基于百度的文心大模型技术开发而成的，该模型使用了文心 BERT 和 ERNIE-ViLG 等技术。在这些技术的支持下，文心一格的文生图系统成功实现了产品化创新。

图 1-11

文心一格不仅能够根据用户的文字描述快速生成各种风格的精美画作，为视觉内容创作者提供灵感，辅助其创作，还能为文字内容创作者提供高质量的配图，如图 1-12 所示。凭借其出色的表现力和易用性，文心一格引起了人们的广泛关注，并逐渐发展成为国产 AI 绘画工具中的佼佼者。

图 1-12

1.2.5 Firefly

2023 年 3 月，电脑软件公司 Adobe 推出了全新的人工智能工具——Firefly。它提供了文生图、内容填充、局部重绘、智能人像调节、模型渲染、对话式编辑和文本转矢量等多项功能，使创意创作变得更加高效、智能化和多样化，生成效果如图 1-13 所示。

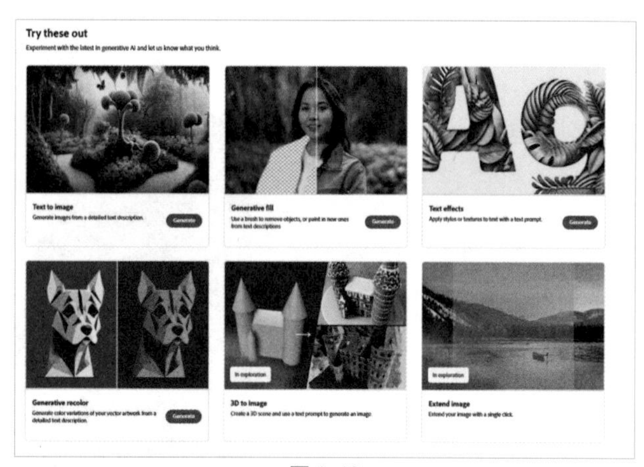

图 1-13

Firefly 的特点之一是输出的内容支持分层，有利于使用者更精细地修改图像，这一改变对 AI 绘画的发展具有突破性意义。另外，与 Adobe 旗下其他产品的深度绑定也让 Firefly 令人十分期待。

以上五款 AI 绘画工具各有优势，Stable Diffusion 以其软件开源、高度拓展性、内容无限制的特点脱颖而出，拥有庞大的用户群体。本书的主要内容就是深度解析 Stable Diffusion 的各项功能，探讨 AI 绘画工具在各行业的应用场景以及引发的争议与对未来的展望，从学习、实践和思考三个角度，本书致力于激发读者在科技与艺术交融领域中的无限创造力。

注意：虽然 Stable Diffusion 拥有无限的生成能力，但用户在使用时也要确保所用内容的合法性、合理性，切勿使用未经授权的图片，更不得冒用、盗用他人作品。请自觉遵守相关的法律法规，以避免可能产生的版权纠纷。

第2章

02 入手：Stable Diffusion 部署与安装

Stable Diffusion 依赖复杂的深度学习模型和算法，其需要大量的计算能力来进行推断和处理。因此，为了确保工具的性能和稳定性，Stable Diffusion 对计算机的配置安装和运行环境有特定的要求，包括需要配备较大的计算资源和内存来支持复杂的图像处理任务。

2.1 Stable Diffusion 本地部署的要求

Stable Diffusion 是一款开源模型，可以在本地计算机上离线运行。此外，用户数据还可以通过属性设置仅存于本地，极大地保护了用户的隐私。下面是 Stable Diffusion 本地部署的要求，包括系统要求和环境要求。

2.1.1 系统要求

（1）操作系统：建议使用 Windows 10 或 Windows 11 操作系统。

（2）内存：建议配置 16GB 及以上的内存。

（3）显卡：最佳配置是 NVIDIA 系列的显卡，不支持 1050 以下的显卡。同时，显存越高越好，最低显存要求为 4GB。

2.1.2 环境要求

❶ 前置软件

在确保电脑系统符合要求之后，需要先安装三个前置软件，分别是 Python 3.10.6 版本、Git 和 VSCode。

❷ 前置软件的安装

（1）安装 Python 3.10.6 版本。

Python 是一种常用的编程语言，被广泛应用于系统管理任务的处理和 Web 编程中。这里**需要特定安装 3.10.6 版本的 Python，如图 2-1 所示，其他的版本可能会导致 Stable Diffusion 出现问题**。

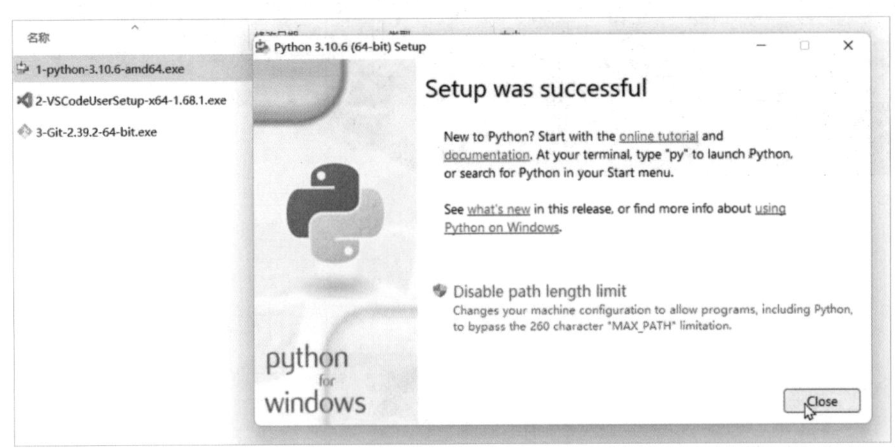

图 2-1

（2）VSCode。

VSCode 是一个功能强大的代码编辑平台，类似于记事本，它提供了丰富的功能和扩展性插件。在某些可能需要修改代码文件的情况下，就可以使用 VSCode 进行编辑，安装界面如图 2-2 所示。

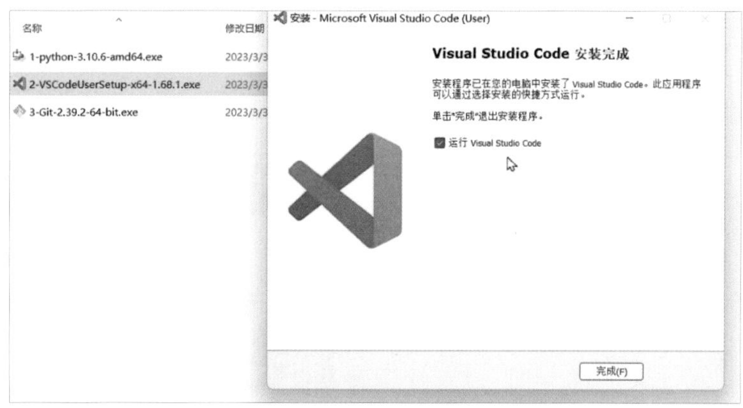

图2-2

（3）Git。

Git 是一个版本控制系统，对于那些专注于 AI 绘画的用户来说，它类似于一个专用的下载器，用于获取 AI 绘画所需的各种资源和文件，安装界面如图 2-3 所示。

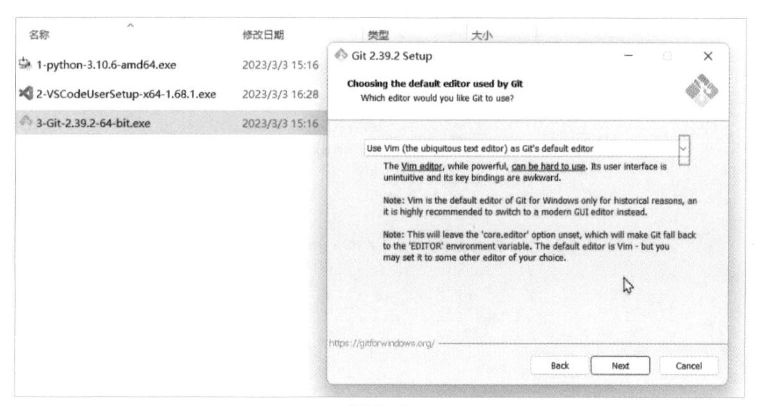

图2-3

2.2 Stable Diffusion 下载与安装

Stable Diffusion 的下载与安装步骤如下。

（1）下载并解压 Stable diffusion 的安装整合包，将其中的压缩包文件解压并存放到除 C 盘之外的位置，如图 2-4 所示。

图2-4

（2）打开文件夹【sd-webui 启动器】，找到【启动器运行依赖】程序并打开，再单击【安装】按钮，如图 2-5 所示。

图2-5

（3）解压【sd-webui 启动器】，如图 2-6 所示。进入【stable diffusion】根目录，找到并双击【A 启动器】应用程序，完成更新，如图 2-7 所示。

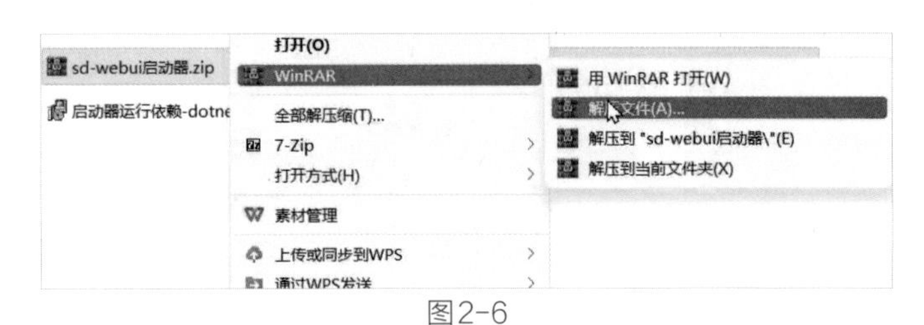

图2-6

Data (D:) > AI绘画软件 > stable diffusion

名称	修改日期	类型
tags	2023-01-27 18:06	文件夹
tcl	2023-05-19 14:51	文件夹
test	2023-01-29 10:52	文件夹
textual_inversion	2022-12-16 15:33	文件夹
textual_inversion_templates	2022-11-21 11:33	文件夹
tmp	2023-05-28 12:23	文件夹
Tools	2023-05-19 14:50	文件夹
.gitignore	2023-01-29 10:52	文本文档
.pylintrc	2022-11-21 11:33	PYLINTRC 文件
A启动器	2023-05-21 10:43	应用程序
A用户协议	2023-05-21 10:58	文本文档

图2-7

（4）更新结束后再次双击【A 启动器】，进入如图 2-8 所示的页面，找到【高级选项】-【显存优化】，根据自己电脑的情况做出调整，如图 2-9 所示。

图 2-8

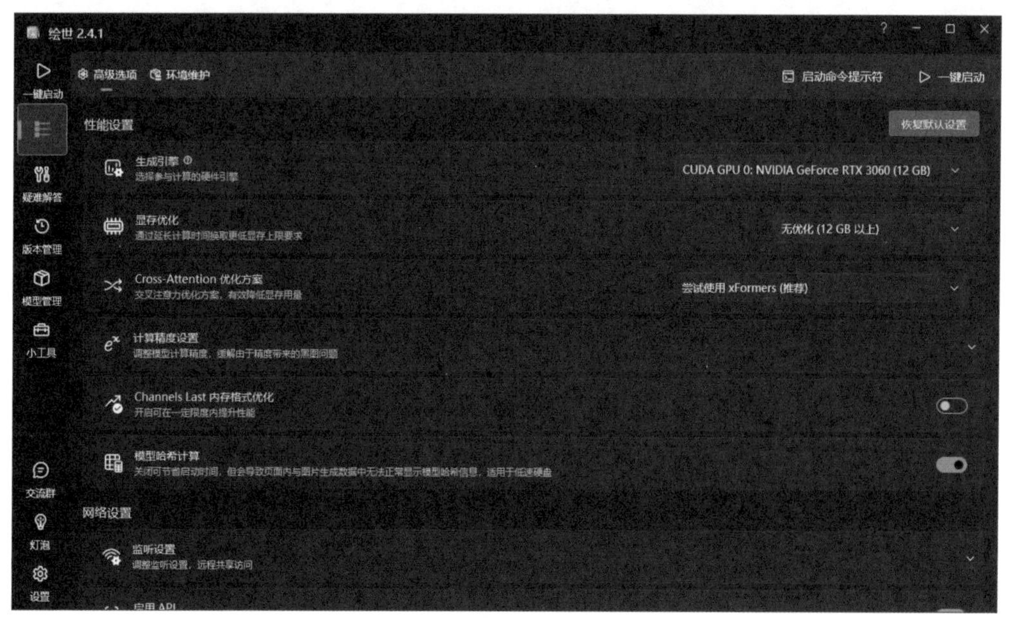

图 2-9

（5）调整结束后单击【一键启动】按钮，如图 2-10 所示，单击后等待一会儿，系统会弹出默认浏览器的新界面并进入软件界面，如图 2-11 所示。

绘世 2.4.1
高级选项
疑难解答
版本管理
模型管理
小工具
Stable Diffusion WebUI
绘世 - 启动器
让 AI 与你一同创作，让画笔随心所欲！
Created by hanamizuki.ai
文件夹
根目录
扩展文件夹
extensions
临时文件夹
tmp
超分输出
extras-images
文生图 (网格)
txt2img-grids
文生图 (单图)
txt2img-images
图生图 (网格)
img2img-grids
图生图 (单图)
img2img-images
公告
本启动器免费提供，如您通过其他渠道付费获得本软件，请立即退款并投诉相应商家。
本启动器唯一发布地点位于 秋葉aaaki@bilibili (UID 12566101)，他处下载均为未经授权的重新打包。
如遇各类使用问题，请按键盘 F1 键，或点击标签栏右侧 "？" 按钮查看常见问题或直接反馈。
交流群
灯泡
设置
启动器版本: 2.4.1 Build 151
描述文件版本: 2023-10-01 13:48
SD-WebUI 版本: 5ef669d - Merge branch 'r... (2023-08-31 12:38:34)
▷ 一键启动

图 2-10

Stable Diffusion 模型(ckpt)
AWPainting_v1.0.safetensors [bbe83e01df]
模型的 VAE (SD VAE)
Automatic
Clip 跳过层
2
文生图
图生图
附加功能
图片信息
模型合并
训练
OpenPose 编辑器
3D Openpose
可选附加网络(LoRA插件)
图库浏览器
模型格式转换
Dreambooth
设置
扩展
0/75
生成
Generation
嵌入式(T.I. Embedding)
超网络(Hypernetwork)
模型(ckpt)
Lora
采样迭代步数(Steps)
20
采样方法(Sampler)
DPM++ 2M Karras
DPM++ SDE Karras
DPM++ 2M SDE Exponential
DPM++ 2M SDE Karras
Euler a
Euler
LMS
Heun
DPM2
DPM2 a
DPM++ 2S a
DPM++ 2M
DPM++ SDE
DPM++ 2M SDE
DPM++ 2M SDE Heun
DPM++ 2M SDE Heun Karras
DPM++ 2M SDE Heun Exponential
DPM++ 3M SDE
DPM++ 3M SDE Karras
DPM++ 3M SDE Exponential
DPM fast
DPM adaptive
LMS Karras
DPM2 Karras
DPM2 a Karras
DPM++ 2S a Karras
Restart
DDIM
PLMS
UniPC
高清修复
Refiner
宽度
512
生成批次
1
高度
512
每批数量
1
提示词相关性(CFG Scale)
7

图 2-11

第3章

03

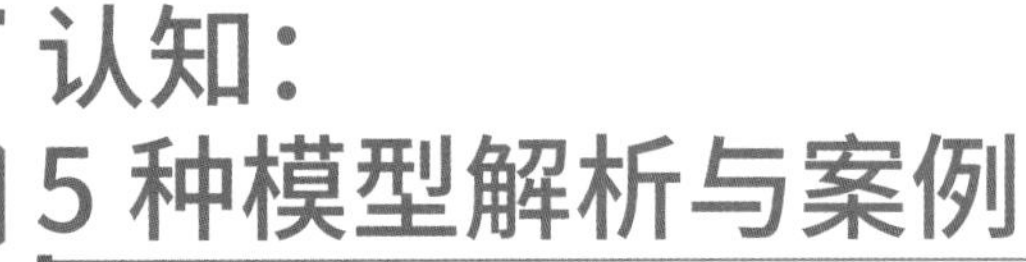

认知：5种模型解析与案例

Stable Diffusion 有五种模型，分别是【大模型】（又被称为底模型、主模型或Base Mode）、【LoRA】模型（也被称为微调模型）、【Embedding】个性化微调模型、【VAE】美化模型和【Hypernetwork】风格化微调模型。每个模型都由多个图片数据组成，并且融合了多种算法。用户应用这些模型可以生成各种风格的高质量图像，从而满足不同的创作需求。

3.1 大模型：效果丰富多样的主模型

【大模型】是一种用于高分辨率图像合成的技术，借助潜在扩散模型即可将该技术现实化。

3.1.1 确认大模型文件的信息和位置

【大模型】加载的过程并不复杂，只需要在加载前确认以下两点即可。

第一，需要确认【大模型】文件的信息。通常【大模型】文件的后缀是【ckpt】或【safetensors】，文件大小在 2GB 以上。

第二，需要确认【大模型】文件的位置。文件信息确认后，需要把【大模型】文件放在【stable diffusion】根目录下的【models-stable-diffusion】目录中，再刷新 Web 页面即可使用。

3.1.2 大模型的下载

大模型通常有两种下载方式，分别是在启动器下载和在 Stable Diffusion 模型社区 CivitAI 网站下载。

❶ 在启动器下载

打开 Stable Diffusion【启动器】，单击左侧工具栏中的【模型管理】图标，如图 3-1 所示。在 Stable Diffusion 模型栏目中找到需要的【大模型】，单击【下载】按钮，如图 3-2 所示。下载完成后，刷新 Web 页面即可开始使用。

模型管理

Stable Diffusion 模型 | 嵌入式 (Embedding) 模型 | 超网络 (Hypernetwork) 模型 | 变分自编码器 (VAE) 模型 | LoRA 模型 (原生) | LoRA 模型 (插件)

计算全部新版短哈希 本地 远程

文件名	模型名	作者	主页	旧短哈希	新短哈希	文件大小	创建日期	本地	远程		
Anything-V3.0.safetens	Anything v3.0 原版 (Saf	9		8d9aaa54	10f0bd7ade	7.17 GB	2023-03-25 21:03:01	✓	✓	下载	复制链接
anything-v5-PrtRE.safe	Anything v5.0 (PRT) 修	9		893e49b9	7f96a1a9ca	1.99 GB	2023-04-09 21:49:23	✓	✓	下载	复制链接
awportrait_v11.safeten				83d88cad		1.99 GB	2023-07-11 17:01:52	✓		下载	复制链接
chilloutmix_Ni.ckpt				64fe5e0b		7.17 GB	2023-04-19 23:11:17	✓		下载	复制链接
CounterfeitV30_v30.saf	Counterfeit v3.0 半精度	gdgsfsfs		9e2a8f19	cbfba64e66	3.95 GB	2023-07-04 15:21:04	✓	✓	下载	复制链接
deliberate_v2.safetensc				10ec4b29		1.99 GB	2023-04-21 00:04:16	✓		下载	复制链接
disneyPixarCartoon_v1				a4acf613		3.95 GB	2023-05-18 21:30:08	✓		下载	复制链接
dreamshaper_4BakedV				3c1ac307		5.57 GB	2023-03-29 13:21:42	✓		下载	复制链接
fantassifiedIcons_fanta				741eefee		3.97 GB	2023-04-22 13:19:10	✓		下载	复制链接
ghostmix_v12.safetens				f5db4cd1		5.28 GB	2023-05-03 20:03:59	✓		下载	复制链接
ghostmix_v20Bakedvae				6de290f6		2.23 GB	2023-06-25 22:47:32	✓		下载	复制链接
lyriel.safetensors				65d547c5		1.99 GB	2023-05-16 14:13:37	✓		下载	复制链接
majicmixFantasy_v20.s				a7d143bb		2.23 GB	2023-05-20 19:11:00	✓		下载	复制链接

图 3-1

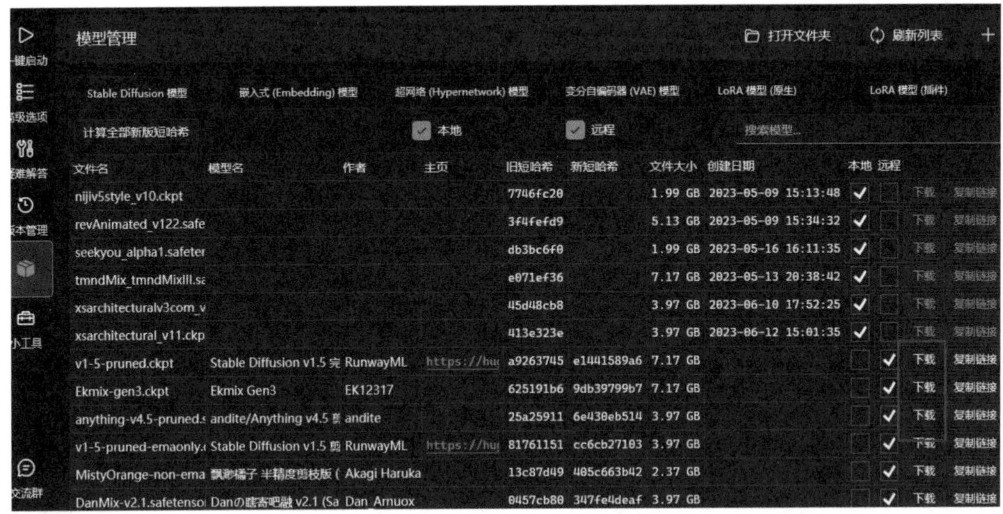

图3-2

❷ 在 Stable Diffusion 模型社区 CivitAI 网站下载

打开 Stable Diffusion 模型社区 CivitAI 网站（俗称 C 站），先在右侧筛选栏中筛选出使用了【大模型】的作品；接着，在此筛选条件下搜索作品并进入作品详情页面，单击右侧的下载按钮，如图 3-3 所示；再将【大模型】文件放在 stable diffusion 根目录下的 models-stable-diffusion 文件夹中。

图3-3

注意：其他模型也可以通过这两种方式进行下载，方法基本一致。

3.1.3 大模型文件的载入

【大模型】文件通常可以在 Stable Diffusion 主界面或显示附加网络面板载入。

❶ Stable Diffusion 主界面

单击 Stable Diffusion 主界面左上角的【Stable Diffusion 模型】选项栏，如图 3-4 所示，选项栏中包含了所有可用的模型列表，用户可以根据自身需求选择相应的模型。

图3-4

❷ 显示附加网络面板

单击主界面上的【显示附加网络面板】图标，打开一个新的面板，如图 3-5 所示。

用户可以在该面板中选择所需的模型，还可以进行参数设置，如图 3-6 所示。

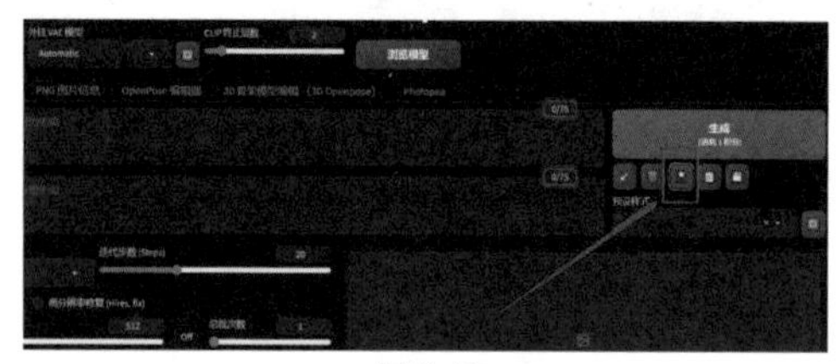

图3-5

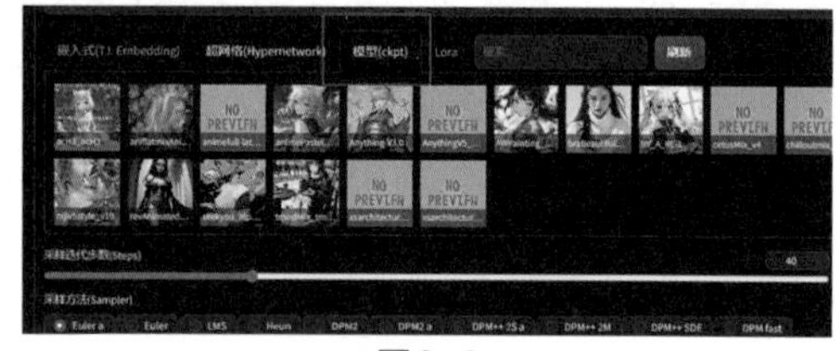

图3-6

案例1 二次元风格模型

要求：选择适合的模型，生成 1 张二次元风格的女生图片。

步骤解析如下。

优先选择如【AnythingV5 模型】这样的二次元模型，用户在主界面【文生图】板块下输入【提示词】“girl”，单击【生成】按钮，即可得到如图 3-7 所示的二次元风格的女生图片。

图3-7

案例2 写实风格模型

要求：选择适合的模型，生成 1 张写实风格的女生图片。

步骤解析如下。

继续使用【AnythingV5 模型】生成写实风格的人物图片，输入【提示词】，如“girl”和“realist style”，单击【生成】按钮，效果如图 3-8 所示。可以看到，生成的图片依然呈二次元风格，说明该模型不具备生成写实风格图片的能力，需要更换模型。

重新选择如【majicmixRealistic_v5 模型】这样的写实风格模型，【提示词】不变，单击【生成】按钮，得到一张写实风格的女生图片，如图 3-9 所示。由此可见，不同的模型适用于不同的风格，在使用时应按需求选择。

图 3-8

图 3-9

3.2 LoRA：大模型轻量级微调

【LoRA】是一种用于处理大型语言模型的微调问题的技术，其全称为 Low-Rank Adaptation of Large Language Models。【LoRA】的出现颠覆了传统微调方式操作成本高且过程烦琐的缺点，使大型语言模型的微调过程变得更加快捷和精准。该技术提供了一种高效的参数微调方法，大大降低了微调的成本和 GPU 的内存需求。因此，【LoRA】也被称为低秩适应技术。

3.2.1 LoRA 的下载

【LoRA】的下载途径和【大模型】的基本一致，但有以下两点需要注意。

（1）在【启动器】界面下载【LoRA】模型时，有【LoRA 模型（原生）】和【LoRA 模型（插件）】两个版本，如图 3-10 所示。原生版本在使用时能看到模型的缩略图，但在下载时需要先调用 tag，如 <LoRA:xxx_v10:0.6>；插件版本则无法看到缩略图，可以直接打钩并单击【下载】按钮，用户可以根据使用习惯及需求自选版本。

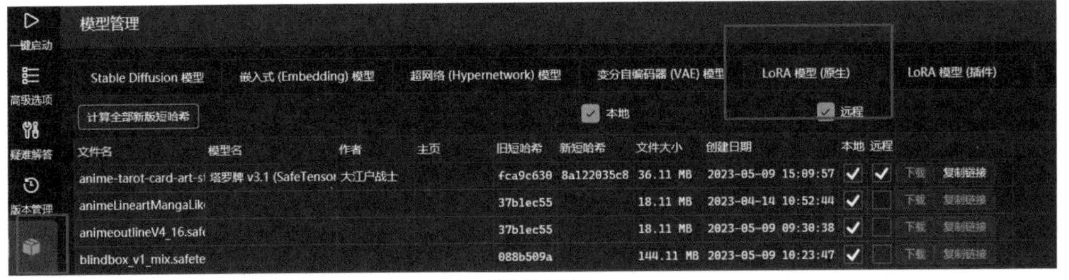

图 3-10

（2）在C站下载的【LoRA】文件需要放在【stable diffusion】-【models】-【Lora】文件夹中，如图3-11所示。文件放置成功后，刷新软件界面，前面下载的【LoRA】模型就显示出来了，如图3-12所示。

› stable diffusion › models › Lora

名称	修改日期	类型	大小
3DMM_V12.jpeg	2023/7/5 1█:22	JPEG 图片文件	43 KB
3DMM_V12.safetensors	2023/7/5 1█:22	SAFETENSORS ...	36,974 KB
animeLineartMangaLike_v30MangaLi...	2023/5/17 15:23	PNG 图片文件	86 KB
animeLineartMangaLike_v30MangaLi...	2023/4/14 10:52	SAFETENSORS ...	18,542 KB
animeoutlineV4_16.safetensors	2023/5/9 9:30	SAFETENSORS ...	18,542 KB
anime-tarot-card-art-style-lora-v3.1.s...	2023/5/9 15:09	SAFETENSORS ...	36,974 KB
blindbox_v1_mix.png	2023/5/15 18:38	PNG 图片文件	44 KB
blindbox_v1_mix.safetensors	2023/5/9 10:24	SAFETENSORS ...	147,568 KB
charturnbetalora.safetensors	2023/3/12 20:35	SAFETENSORS ...	147,571 KB
COOLKIDS_MERGE_V2.5.safetensors	2023/5/14 16:08	SAFETENSORS ...	147,568 KB

图3-11

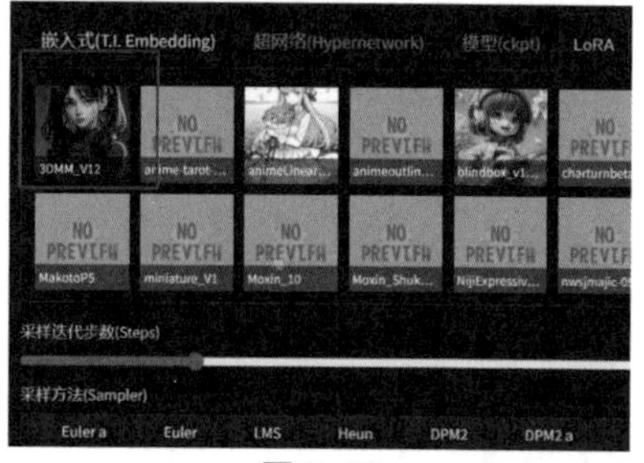

图3-12

3.2.2 LoRA 的载入

使用【LoRA】模型时，可以单击【显示附加网络面板】图标，如图3-13所示。【反向提示词】下方会出现【模型选择功能板块】弹窗，选择【Lora】选项即可看到已安装的【LoRA】模型，如图3-14所示。

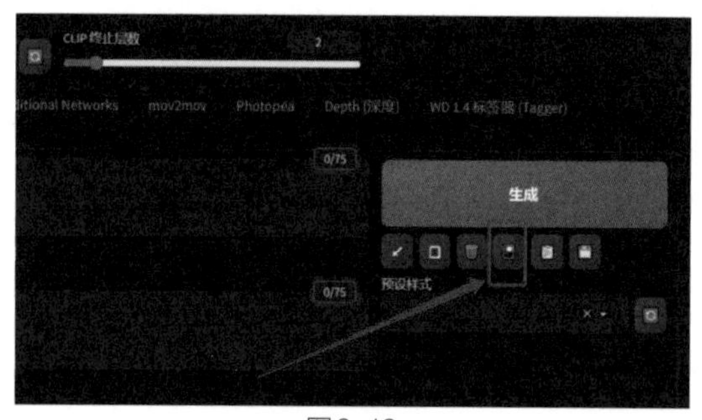

图3-13

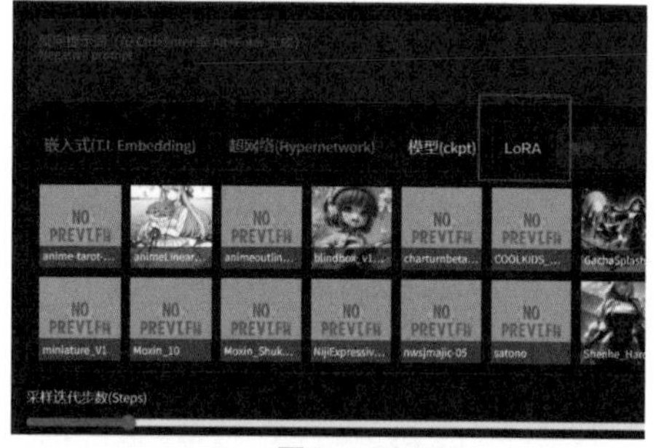

图3-14

输入【提示词】“1girl”，使鼠标指针停留在输入框中，再单击所需的【LoRA】模型，即可将其添加到【提示词】输入框中，如图3-15所示。单击【生成】按钮，就会得到符合这一模型风格的图片。

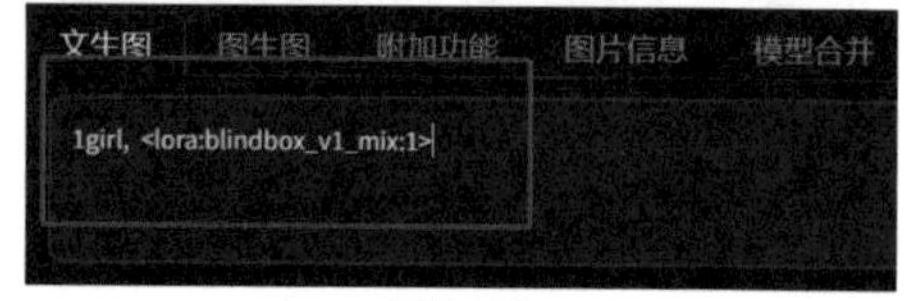

图3-15

案例 微调大模型以优化整体效果

要求：生成一张带有3D卡通效果的女生图片。

步骤解析如下。

（1）用【大模型】和【提示词】生成如图3-16所示的图片。

（2）使用相同的【大模型】和【提示词】，再添加一个【LoRA】模型，单击【生成】按钮，得到如图3-17所示的图片。

将两张图对比，可以明显看出，两者的总体特征差异不大，但后者的面貌明显更加精致、立体，画面效果显著提高了。

未使用【LORA】模型	使用了【LORA】模型

图 3-16	图 3-17

3.3 Embedding：个性化微调模型打包提示词

【Embedding】（嵌入技术），是将自然语言文本转换为向量表示的一种技术。我们可以将【Embedding】在 Stable Diffusion 中的应用简单理解为“打包”，因为它可以将多个【提示词】“打包”成一个向量，从而达到简化输入、节省文件体积、提高生成稳定性和准确性的目的。【Embedding】也是 Stable Diffusion 的优势之一。

3.3.1 Embedding 的下载

【Embedding】的下载途径与前两个模型基本一致，需要注意的是，在 C 站下载时，筛选项为“TEXTUAL INVERSION”，如图 3-18 所示。

图 3-18

3.3.2 Embedding 的载入

为了获得更加精准的图像，每张图都需要极多的【提示词】，如图 3-19 所示。

引入【Embedding】后，很多【提示词】都被“打包”了，只需要输入一个词就能实现相同的效果，如图 3-20 所示，“COMEO_DVA”代表了图 3-19 中所有的【提示词】。

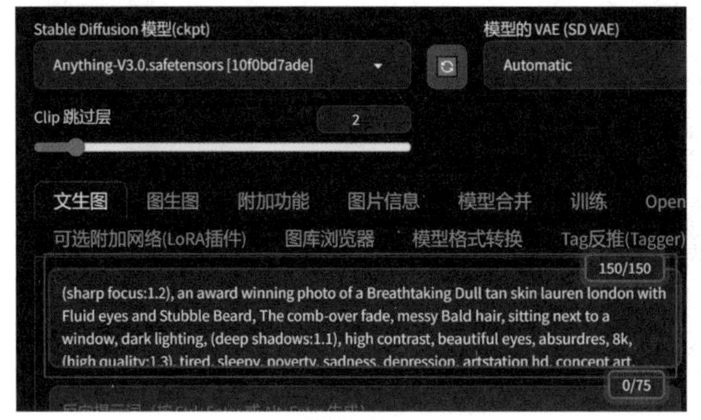

图 3-19

图 3-20

3.4 VAE 美化模型

【VAE】是 Variational Auto-Encoder 的缩写，中文释义为变分自动编码器。它实质上是一种训练模型，主要有两个作用：一是可做滤镜，用来增强整个画面的色彩饱和度；二是可用于微调，用来对形状的部分细节进行细微调整，使图像轮廓更加准确。

在 Stable Diffusion 界面的顶部可以对【VAE】进行切换，通常会选择自动模型，如图 3-21 所示。【VAE】的下载途径与前文所述模型基本相同，此处不再赘述。

图 3-21

案例 用美化模型微调画面并增强色彩饱和度

要求：生成一张娇俏可爱的少女图片。

步骤解析如下。

（1）先用【大模型】和【提示词】生成如图 3-22 所示的图片。

（2）使用相同的【大模型】和【提示词】，再添加一个【VAE】模型，单击【生成】按钮，得到如图 3-23 所示的图片。

将两张图对比，可以明显看到，未使用【VAE】模型的图片色调暗沉，轮廓模糊，画面中的人物姿态呆板，缺失少女该有的活力；而使用了【VAE】模型的图片，色彩更加靓丽鲜明，人物轮廓清晰，姿态、头发充满动感，少女的灵动、明媚跃然于眼前，整体效果远优于前者。

未使用【VAE】模型	使用了【VAE】模型
图3-22	图3-23

3.5 Hypernetwork 风格化微调模型

【Hypernetwork】即超网络，是一种神经网络架构，它具备动态生成神经网络的参数（权重）的能力。它主要用于修改扩散模型的风格，可以生成其他神经网络。虽然其适用范围相对较窄，但能轻松地转换画面风格，且能生成特定的模型或人物。【Hypernetworks】的下载途径可以参考【大模型】。

案例 用风格化微调模型转换图片风格

要求：将原图的画风更改为像素风格。

步骤解析如下。

下面是使用【Hypernetwork】对图片进行微调后的对比图，各项参数设置显示在图片下方。可以看到，在使用【Hypernetwork】后，画面的风格明显地变成了像素风格如图 3-24 和图 3-25 所示。

未使用【Hypernetwork】	使用了【Hypernetwork】
 图 3-24 大模型：Anything-V3.0 prompt：1 girl 采样迭代步数：20 采样方法：Euler a	 图 3-25 大模型：Anything-V3.0 Hypernetwork：LuisapPixelArt_v1 prompt:1girl<hypernet:LuisapPixelArt_v1:0.8>; 采样迭代步数：20 采样方法：Euler a

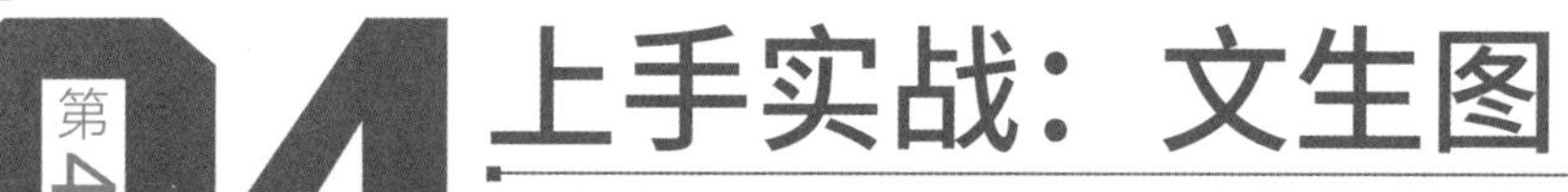

第4章 上手实战：文生图

【文生图】是 Stable Diffusion 的主要【生成方式】之一。【文生图】功能能够根据用户提供的文字描述，自动生成各种类型的图像，比如人物肖像、自然风光、动物形象、日常物品等。这种生成方式常用于需要根据文字描述快速生成对应图像的情况。

4.1 提示词与反向提示词

在【文生图】界面中，用户可以看到【提示词】和【反向提示词】两个输入框，如图 4-1 所示。【提示词】是从正面描述用户想要生成的画面；【反向提示词】则可以筛选掉不想要的画风、要素或错误绘画结果。

图 4-1

4.1.1 提示词的描述逻辑列举

数量明确的主体，如 1 个女孩、1 只猫等。

主体物特征，如服饰、发型、发色、五官、表情、动作等。

场景特征，如室内、室外、大场景、小细节等。

环境光照，如白天、黑夜、特定时段、光、天空等。

画幅视角，如距离、人物比例、观察视角、镜头类型等。

画质，如高画质、高分辨率等。

画风，如抽象、写实等。

其他要素，如季节、天气、色调等。

4.1.2 反向提示词的描述逻辑列举

通常是一些不想出现在画面里的元素，如低质量、低像素、文字、水印、颜色等。

案例 **使用提示词生成图片**

要求：生成一个女孩子的图片。

步骤解析如下。

（1）输入【提示词】，如“1 girl，Red hair, smile, indoor, daytime, front, 8k, warm tone”（一个女孩，红头发，微笑，室内，白天，正面，8k，暖色调）。

（2）输入【反向提示词】，如“Low image quality, low quality”（低画质，低像素）。

（3）单击【生成】按钮，得到如图 4-2 所示的图片。

图 4-2

4.2 提示词语法解析

在输入【提示词】时，除了要考虑用词的丰富和准确，还要遵循模型既定的语法规则，方便 Stable Diffusion 理解，这样有利于获得准确且高质量的图片。

4.2.1 表达形式

【提示词】的表达形式可以分为以下 3 种。

1. 单词： 1 cup, pattern, table, daytime。

2. 词组： 1 cup with many patterns, placed on the table, it's daylight now。

3. 短句： Place a cup with many patterns on the table during the day。

4.2.2 输入格式

不同含义的【提示词】之间，需要**使用英文逗号分隔**，逗号前后有空格或换行不影响生成结果，如“1 cat, white, running”。

4.2.3 权重

【提示词】的排列位置越靠前，【权重】就越高，对生成结果的影响也就越大。因此，重要的【提示词】通常会放在前面。除了排列顺序，还可以通过其他办法来调整【提示词】的【权重】。

❶ 加权数值

【提示词】的【权重】通常默认为 1，给【提示词】附加【权重】数值，可以增强其【权重】倍数。加权后，【提示词】会呈现如“1 cat:2”这样的格式，表示【提示词】“cat”的【权重】增加了 2 倍。

❷ 圆括号

用圆括号将【提示词】括起来会为其增加 1.1 倍【权重】，例如，(1 cat)。

❸ 方括号

用方括号将【提示词】括起来会为其缩减 1.1 倍【权重】，例如，[1 cat]。

❹ 括号嵌套

两种括号多重嵌套，可以按需增减【提示词】的【权重】，例如，((1 cat)) 表示【提示词】“cat”的【权重】增加了 1.1 倍的 1.1 倍，即 1.21 倍，以此类推。

通过这些方法，可以灵活调节【提示词】的【权重】，使模型能精准地分析文本。

4.2.4 混合语法

【混合语法】即【AND 语法】，可以用在两个不同含义的【提示词】之间，使生成的图像具有混合效果，常用来展现混搭、碰撞的创意想法。

案例 创意合成

要求：生成一张结合了老虎与狮子特点的动物的图片。

步骤解析如下。

提示词：1 Lion AND 1 tiger，masterpiece, high quality,8k,highres。

反向提示词：((nsfw)), sketches, nude，(worst quality:2), (low quality:2), (normal quality:2), lowers, normal quality,((monochrome)). ((erayscale)). facing away, looking away. text, error , extra digit, fewer digits, cropped, jpeg artifacts, signature, watermark, username, blurry, skin spots, acnes, skin blemishes, bad anatomy, fat, bad feet, cropped, poorly drawn hands, poorly drawn face, mutation, deformed。

大模型：chilloutmix。

采样方法：Euler a。

单击【生成】按钮，得到如图 4-3 所示的图片。

图 4-3

4.3 提示词辅助功能

【提示词辅助功能】在【生成】按钮的下方，从左到右依次是【自动提取 prompt】【清空 prompt】【显示附加网络面板】【选入模板风格】【保存模板风格】，如图 4-4 所示。

图 4-4

❶【自动提取 prompt】

此功能可以从【提示词】中自动提取生成参数，如果当前没有【提示词】，则会从上一次生成的信息中提取生成参数。

❷【清空 prompt】

单击该按钮，各项参数会被清空。

❸【显示附加网络面板】

此面板包含了许多模型，如【T.I.Embedding】【Hyper network】【Lora】等，如图 4-5 所示。

图 4-5

❹【选入模板风格】

模板风格是指预先保存的【提示词】参数，单击该按钮，就会自动键入这些参数，类似模板的效果。

❺【保存模板风格】

单击该按钮可以保存当前的【提示词】参数，下拉模板风格列表可以进行查看，如图 4-6 所示。想要删除已保存的模版风格，需要在【stable diffusion】根目录 -【styles.csv】文件夹中找到并删除对应的内容。

图 4-6

4.4 采样器

在图像生成的过程中，模型会先在潜在空间中随机生成一张图片。接着，噪声预测器开始发挥作用，通过去除从图像中预测出的噪声来提升图片的质量，这一步骤会反复进行，直到生成一张清晰的图片。这里的每个步骤都会生成一张新的采样图片，去噪的过程也被视为采样过程，而用于采样的工具或方法则被称为【采样器】。

4.4.1 采样迭代步数

【采样迭代步数】如图 4-7 所示，【采样迭代步数】相当于画家作画时的笔触次数。步数越少，画面越潦草模糊；步数越多，画面越精致清晰，但消耗的时间和计算资源也会更多，同时，过多的步数还可能导致画面扭曲变形。因此，【采样迭代步数】并不是越多越好，要根据实际情况来设置。

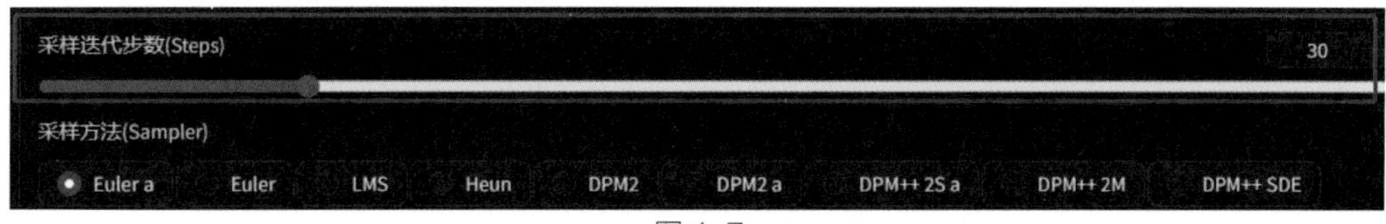

图 4-7

4.4.2 采样方法

【采样方法】包含多种可供选择的【采样器】，比如常用的 Euler a、DPM++2M Karras、DDIM 等，如图 4-8 所示。不同【采样器】的算法不同，得到的图片效果和生成效率也会有差别，如图 4-9 所示。

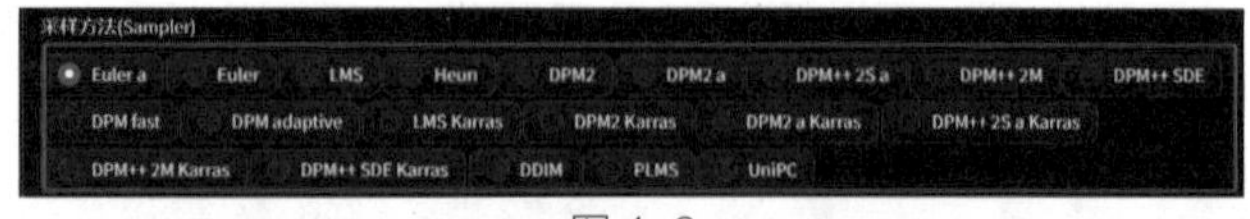

图 4-8

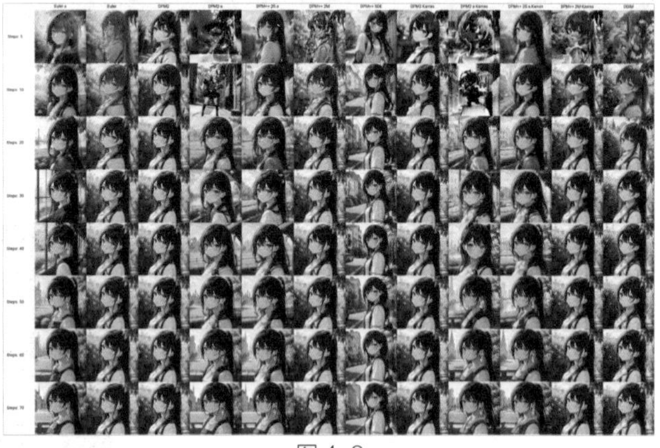

图 4-9

4.4.3 采样器的使用

常用的【采样器】有 Euler a、DPM++ 2S a Karras、DPM++ 2M Karras、DPM++ SDE Karras 等。Euler a 的效果相对简单，其他几种则各有优势。一般会采用“器步”搭配法（【采样器】+【采样迭代步数】）来生成新颖优质的图片，如选择【采样器】DPM++ 2M Karras，【采样迭代步数】设置在 20 ～ 30 之间，具体搭配可以根据需求多做尝试。

4.5 面部修复与高清修复

在图像生成的过程中，经常会出现人物面部特征不完整、扭曲失真或者清晰度过低等问题。为了解决这些问题，Stable Diffusion 提供了【面部修复】和【高清修复】功能。

4.5.1 面部修复

【面部修复】位于【采样方法】模块下方，勾选后即可使用，如图 4-10 所示。

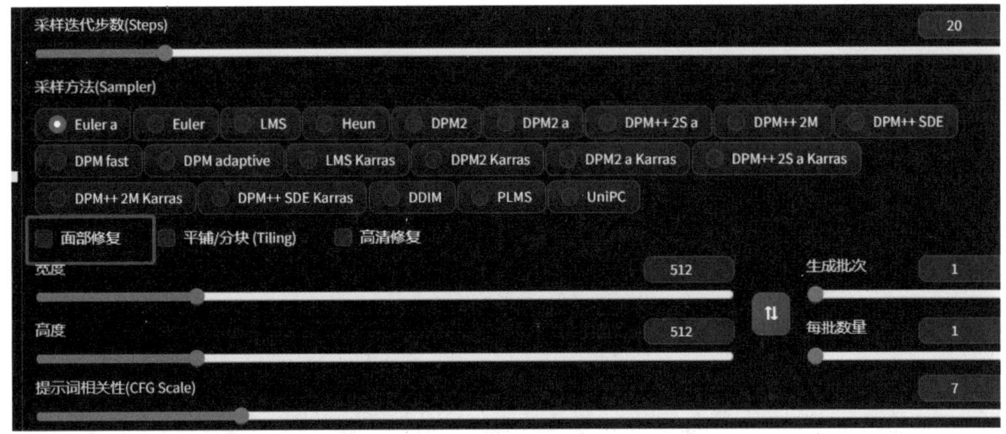

图 4-10

【面部修复】常用于绘制真人或二次元角色，例如，在绘制全身像时，如果脸部在整个画面中所占比例较小，那么使用【面部修复】功能，可以对脸部进行修复，使人物更加真实和自然。

案例　修正人物面部特征

要求：生成一张站在街巷里的二次元少女全身像。

步骤解析如下。

（1）使用【提示词】、二次元模型和各项参数，生成如图 4-11 所示的图片。

（2）保持上述设置不变并勾选【面部修复】复选框，单击【生成】按钮，生成图 4-12 所示的图片。

将使用【面部修复】功能前后的两张图片作对比，可以看到，未使用【面部修复】功能时，人物面部轮廓不清晰，五官歪斜扭曲；使用【面部修复】功能后，脸部特征恢复正常，五官明显。

未使用【面部修复】功能	使用了【面部修复】功能
图 4-11	图 4-12

4.5.2 高清修复

【高清修复】的原理是将原始图像的分辨率放大进行绘制，绘制完成后再进行还原，从而实现对脸部的优化。因此，使用【高清修复】功能会增加电脑的消耗。

【高清修复】功能位于【面部修复】右侧，勾选后可显示模块的全部参数，可调整的参数如图 4-13 所示。

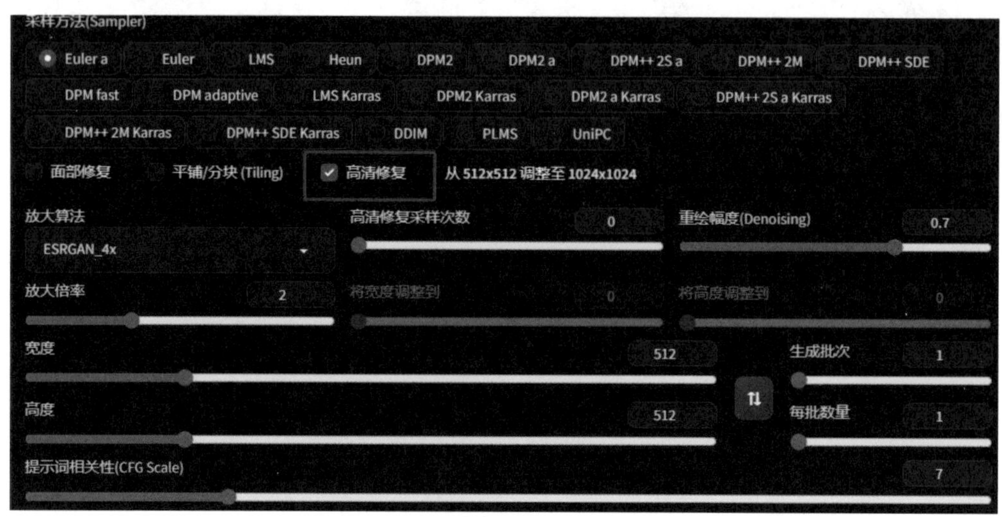

图 4-13

❶【放大算法】

R-ESRGAN 4x+ 算法可用于改善真实人物或三维角色的脸部；R-ESRGAN 4x+ Anime6B 算法可对二次元角色图像进行优化。

❷【放大倍率】

【放大倍率】通常设置为 2 倍，过大的倍率可能会超出电脑配置的承受范围。

❸【高清修复采样次数】

【高清修复采样次数】一般不做改动，默认为 0，与原始图像的采样次数一致。

❹【重绘幅度】

【重绘幅度】决定了修复图像与原图像之间的相似度，数值越小表示两者越相似，数值越大则关联越小。

案例 还原图像精度并完善细节

要求：生成身穿黑色裙子的长发二次元少女的图像。

步骤解析如下。

（1）先使用【提示词】、二次元模型和各项参数设置，生成如图 4-14 所示的图像。

（2）保持上述设置不变并勾选【高清修复】复选框，单击【生成】按钮，得到如图 4-15 所示的图像。

将两张图片作对比，可以看到，在未使用【高清修复】时，画面整体较模糊，人物特征不明显，细节不完善；在使用【高清修复】之后，画面清晰度、真实感大幅度提升，人物细节也更加完善。

未使用【高清修复】	使用了【高清修复】
 图 4-14	 图 4-15

4.6 高度与宽度

【高度】与【宽度】表示生成图片的分辨率，数值通常在 64～2048 像素之间。常用的预设分辨率是 512×512 像素，如图 4-16 所示。过高的分辨率会占用更多的存储空间，增加生成时间。如果有高分辨率的硬性需求，可以利用【高清修复】功能放大还原图像的清晰度。

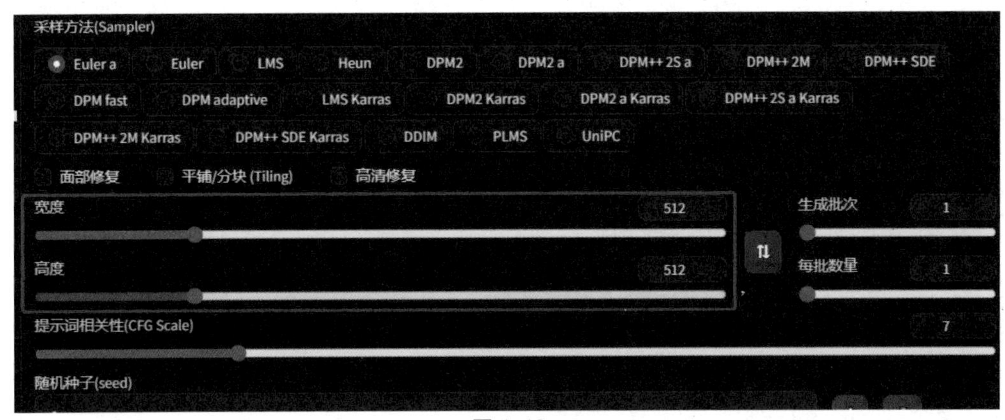

图 4-16

4.7 生成批次与每批数量

【生成批次】和【每批数量】主要用来控制图像生成的数量与批次，位于【采样器】右下方，如图 4-17 所示。

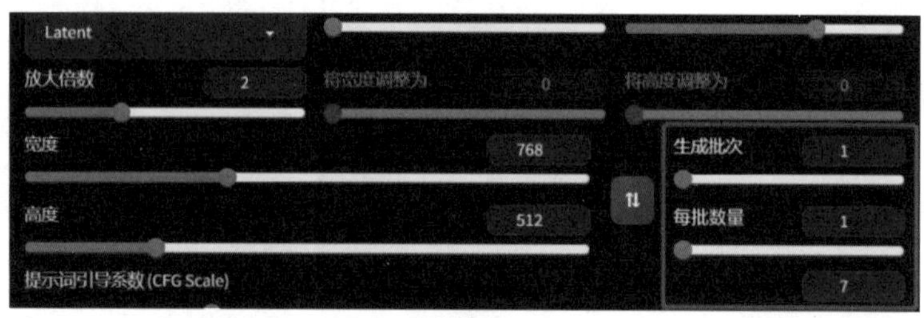

图 4-17

【生成批次】表示一次生成多少批次的图像，如图 4-18 所示。【每批数量】指的是一个批次生成多少张图像，如图 4-19 所示。虽然【每批数量】的生成速度更快，但是对电脑配置的要求也更高。因此，建议电脑配置较低的用户，使用【生成批次】少量多次生成图像。

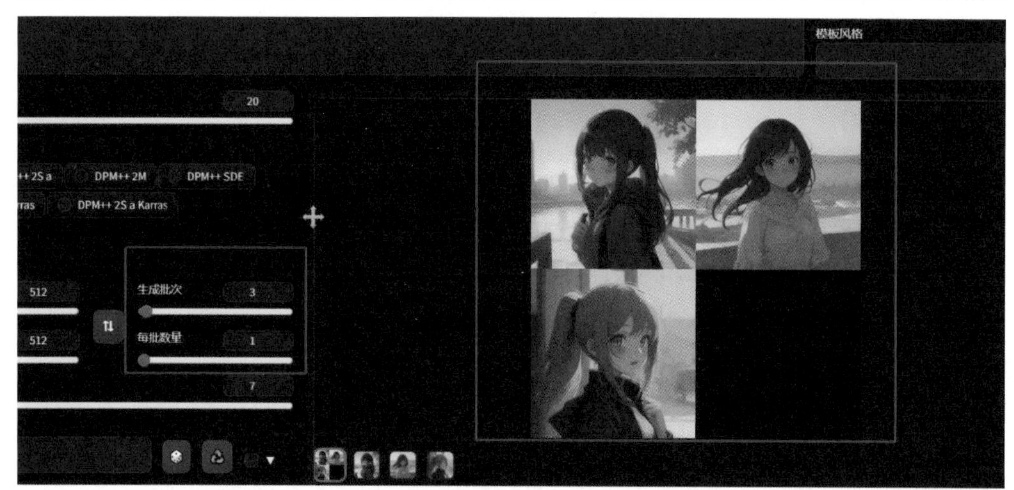

图 4-18

图 4-19

4.8 提示词相关性

提示词相关性即【CFG 指数】，可用于调整文本【提示词】对于图像生成的引导程度，其界面位置如图 4-20 所示。【CFG 值】越高，【提示词】对生成图像的影响就越大。

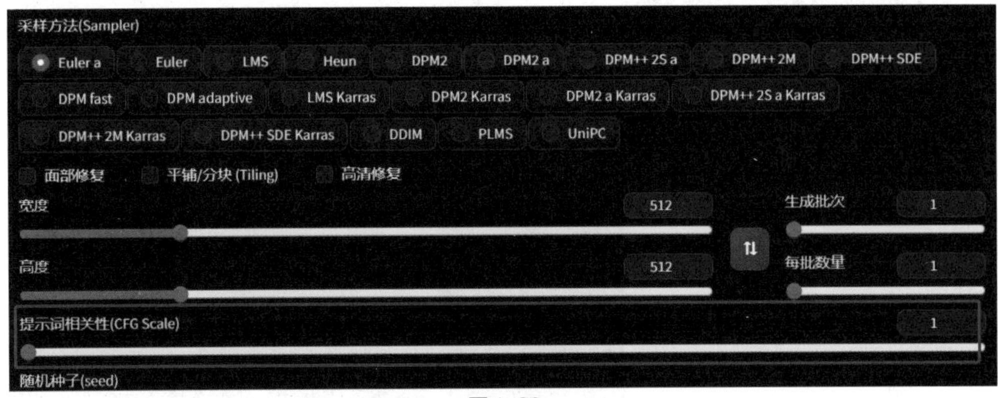

图4-20

不同区间的【CFG 值】，呈现效果如下。

（1）当【CFG 值】在 0～1 之间，图像效果较差。

（2）当【CFG 值】在 2～6 之间，生成的图像比较有创意。

（3）当【CFG 值】在7～12之间，图像效果较好，既有创意又能符合文本【提示词】的需求。

（4）当【CFG 值】在 8～15 之间，【提示词】会对作品产生更大影响，对比度和饱和度会上升。

（5）当【CFG 值】在 18～30 之间，画面会逐渐崩坏，可以增加【采样迭代步数】降低崩坏程度。

4.9 随机种子与差异随机种子

【随机种子（seed）】的用途就是固定生成图片过程中所产生的随机数，从而在下次生成图片时最大限度地还原。【差异随机种子】则提供了另外一个参考，让生成图片有更多变化。

4.9.1 随机种子

【随机种子（seed）】值通常默认设定为 -1，如图 4-21 所示，这意味着每次生成图片都会随机选择一个种子值进行处理。

图 4-21

案例 最大程度还原图片

（1）查看已生成的图片详情，获取该图片的种子值，如图 4-22 所示。

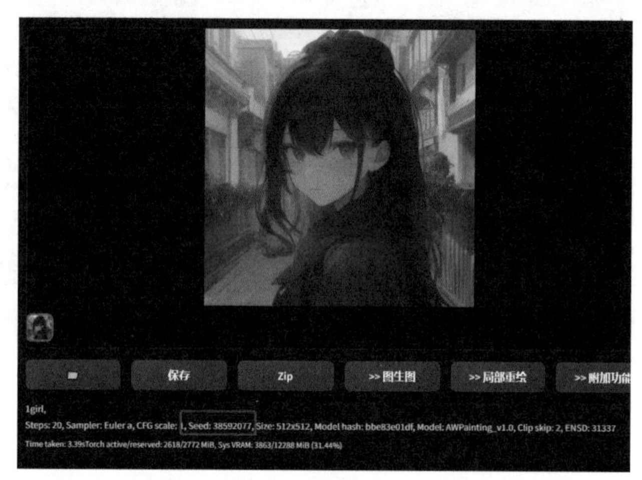

图4-22

（2）输入【提示词】，如“1girl”，【随机种子（seed）】为 -1，生成效果如图 4-23 所示。

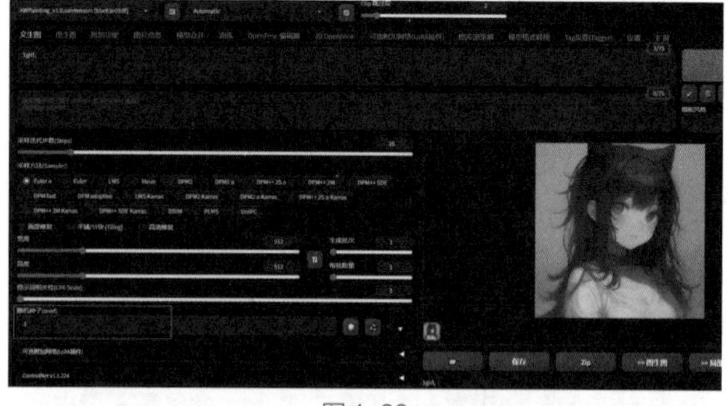

图4-23

（3）设置当前图片的【随机种子（seed）】值，使其与图 4-22 的【随机种子（seed）】值保持一致。单击【生成】按钮，得到图 4-24。在提示词相同的情况下，几乎还原了图 4-22。

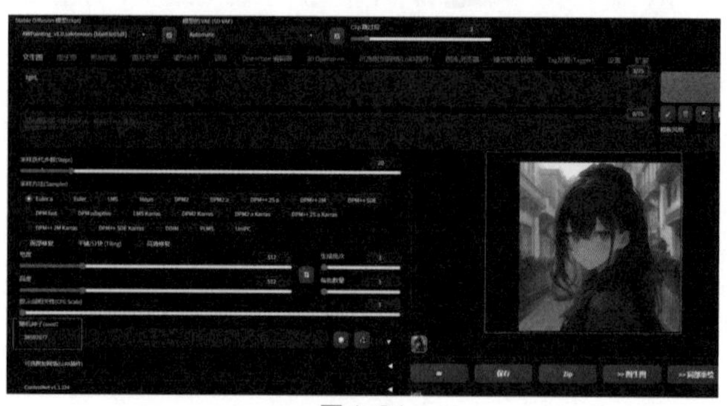

图4-24

（4）将【提示词】改为“1boy”，其他参数不变，单击【生成】按钮，得到了一张与图 4-24 绘画效果非常相似的图片，如图 4-25 所示。

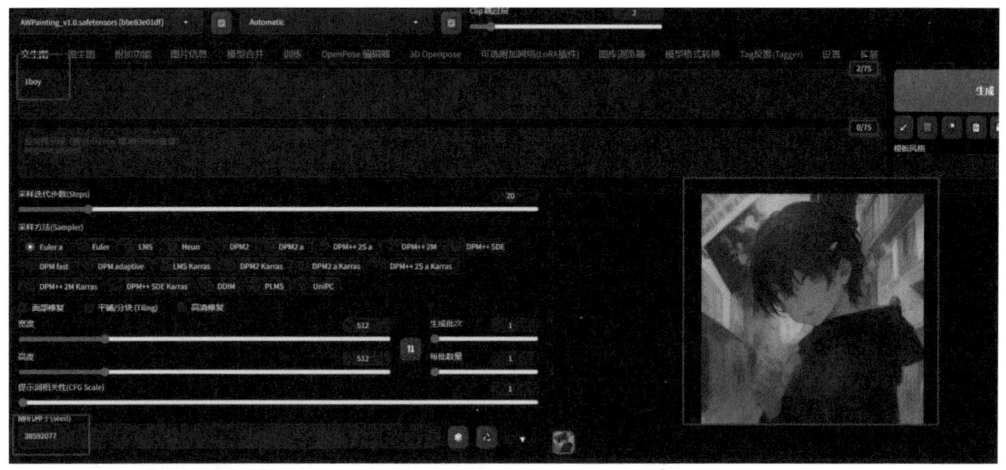

图 4-25

4.9.2 差异随机种子

【差异随机种子】在【更多】选项中，如图 4-26 所示。【差异随机种子】和【随机种子（seed）】相融合，可以通过【差异强度】来调整图片的偏差程度。

图 4-26

案例 生成同类风格图像

（1）将图 4-23 与图 4-25 中生成图片的【随机种子（seed）】值分别输入当前【随机种子（seed）】和【差异随机种子】的数值框中，【差异强度】设置为 0.4，如图 4-27 所示。

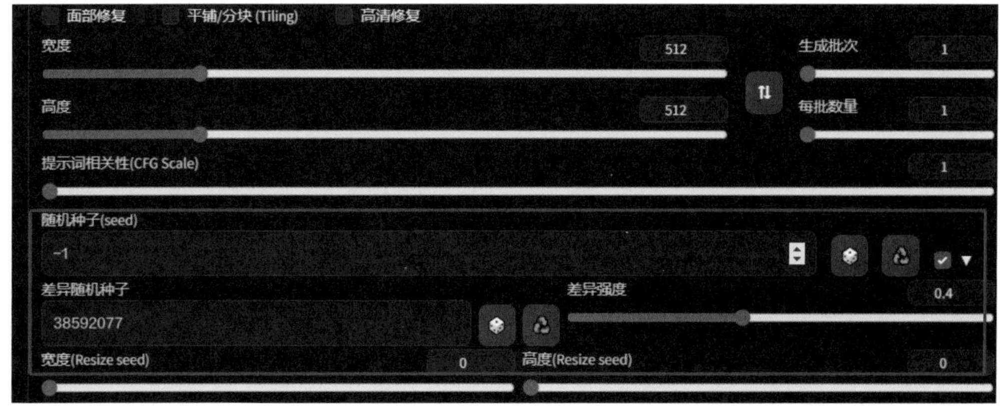

图 4-27

（2）其他参数设置与图 4-25 保持一致，单击【生成】按钮，得到一张融合后的图片，如图 4-28 所示。新生成的人物与图 4-23 中的人物倾斜角度相近，绘画风格则更贴近图 4-25。

图 4-23 和图 4-25 融合前
图 4-23 和图 4-25 融合后

图4-28

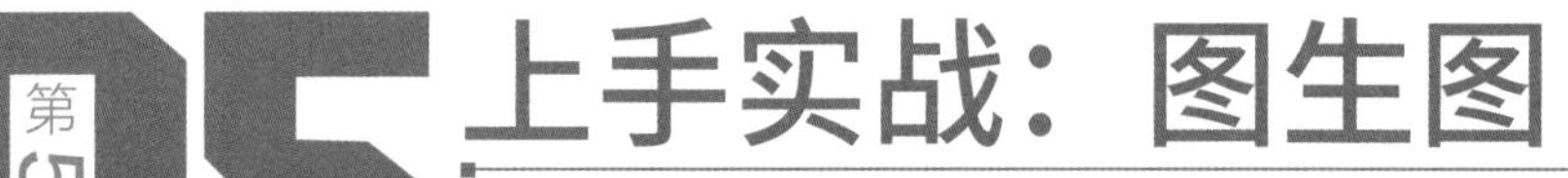

第5章 05 上手实战：图生图

【图生图】功能是 Stable Diffusion 另一个重要的【生成方式】，它不仅可以输入【提示词】，还可以上传图片。上传的图片为图像生成提供了一种参考，能帮助模型更好地理解文本所描述的内容。通过文本和图片的双重辅助，【图生图】模型可以更准确地捕捉信息的细节和特征，使生成的图像更具表现力和准确度。

图生图基础功能解析

【图生图】的基础功能包括【图片上传】【图生图提示词补充】【缩放模式】【重绘幅度】。

5.1.1 图片上传

选择【图生图】功能即可看到位于下方的【图片上传】功能，如图 5-1 所示。【图片上传】功能的使用方法有两种：一是单击【上传】按钮，在系统弹出的文件夹中选择并上传图片；二是直接将图片拖拽到该区域。图片成功上传后的效果如图 5-2 所示。

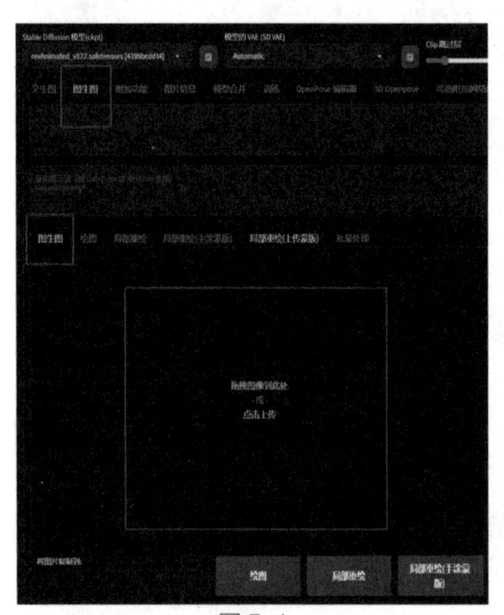

图 5-1

图 5-2

5.1.2 图生图提示词补充

【图生图提示词补充】功能是在已成功上传图片的情况下，输入【提示词】，对已上传的图片进行补充描述，帮助模型更好地理解用户需求。

案例 为已上传的图片补充提示词

要求：用已上传的图片生成一张新的红发少女头像。

步骤解析如下。

（1）准备一张人物头像，如图 5-3 所示。

图 5-3

（2）将头像上传到【图生图】中，同时输入【提示词】，如“red hair”，如图 5-4 所示。

（3）单击【生成】按钮，得到一张红发少女头像，如图 5-5 所示。

图 5-4

图 5-5

由此可见，在【图生图】功能中，上传的图片对图像生成效果起主导作用，而文字描述则起辅助作用。

5.1.3 缩放模式

【缩放模式】位于【图生图】页面的下方，如图 5-6 所示。【缩放模式】包含【拉伸】【裁剪】【填充】【直接缩放（放大潜变量）】四项功能，可用于修改生成图的尺寸，对画面进行剪裁、缩放等处理。

图 5-6

❶ 拉伸

【缩放模式】通常默认为【拉伸】，当生成图与原图比例不同时，画面会被拉伸变形。另外，不同的【缩放模式】会呈现不同的效果。

案例　修改图片尺寸

将分辨率为 512×512 像素的图片的尺寸调整为 512×650 像素，如图 5-7 所示。默认【缩放模式】为【拉伸】，单击【生成】按钮即可得到拉伸后的图片，如图 5-8 所示右侧的预览图。通过对比拉伸前后的图片，可以看出拉伸效果明显。

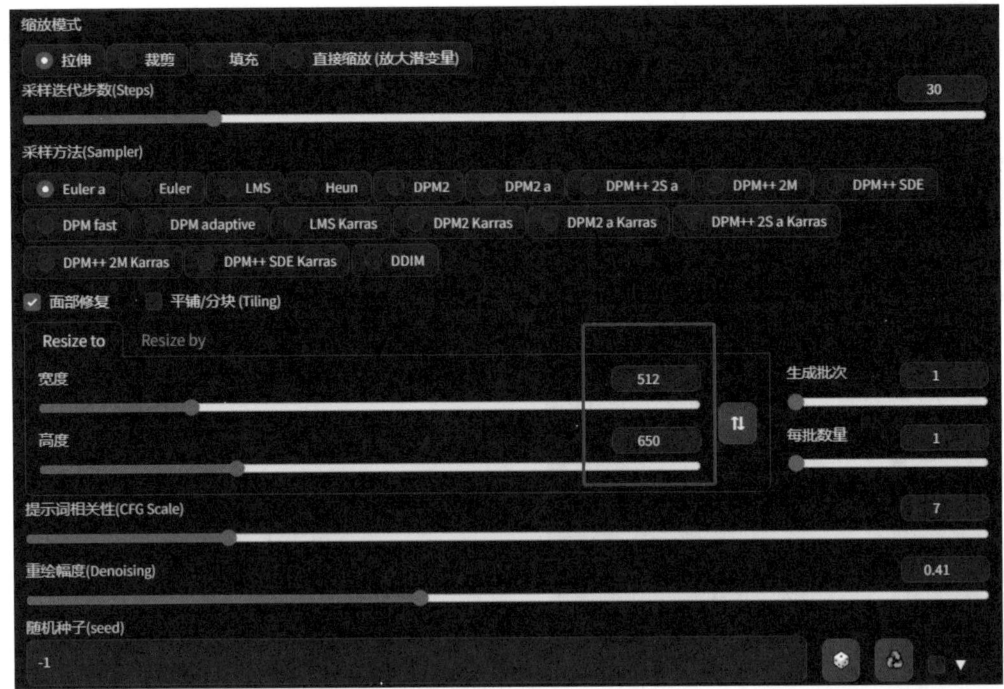

图 5-7

图 5-8

❷ 裁剪

裁剪可以保证在不损失原图像素的情况下，把多余的地方剪掉。

案例 按尺寸裁剪图片

保持原图不变，在【缩放模式】中选择【裁剪】，将输出尺寸设置为 512X450 像素，如图 5-9 和图 5-10 所示。接下来，单击【生成】按钮即可得到预览生成图片，如图 5-11 所示。

图 5-9

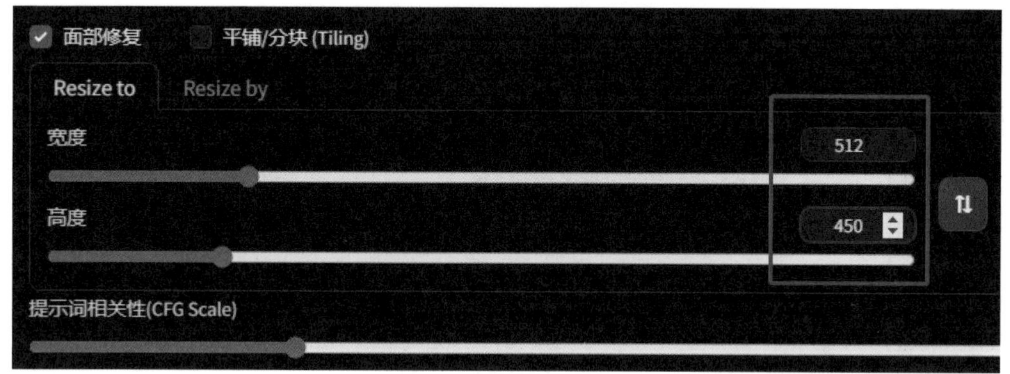

图 5-10

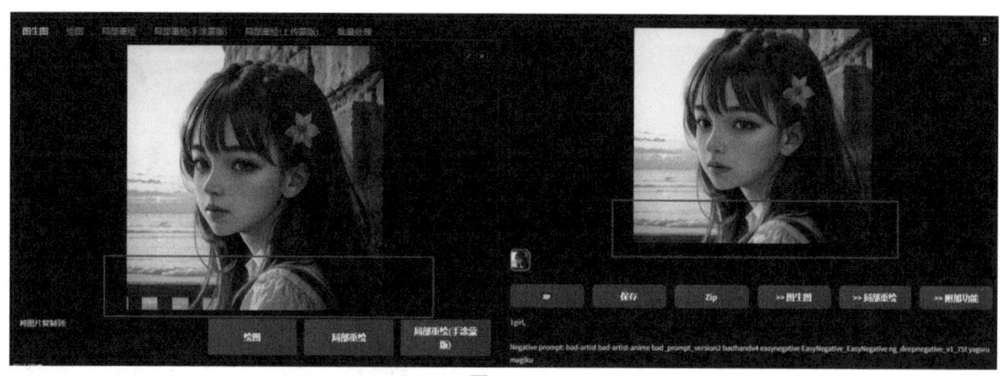

图 5-11

❸ 填充

填充功能可以识别原图内容并自动填充画外部分，常用于输出尺寸大于原尺寸的图片。

案例 修改图片尺寸并扩充画外部分

上传 512×512 像素的图片，在【缩放模式】中选择【填充】，将输出尺寸设置为 1024×512 像素，如图 5-12 和图 5-13 所示。接下来，单击【生成】按钮即可预览生成图片，如图 5-14 所示。

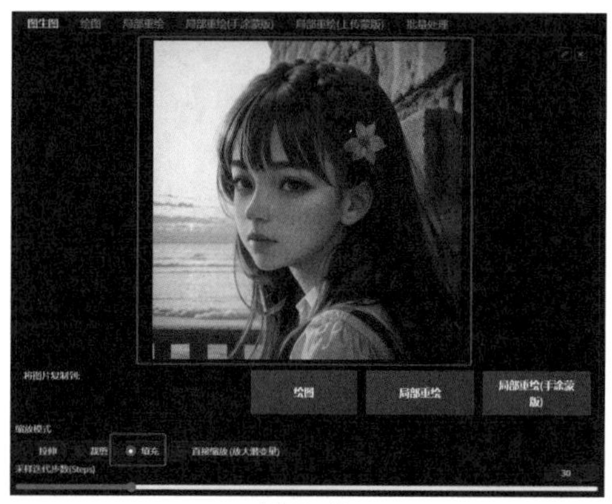

图 5-12

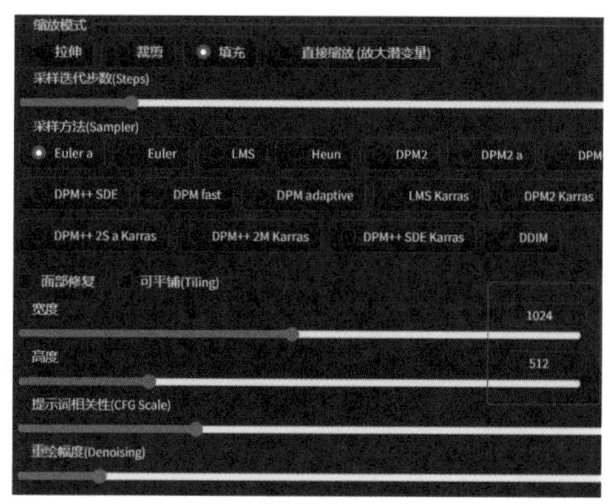

图 5-13

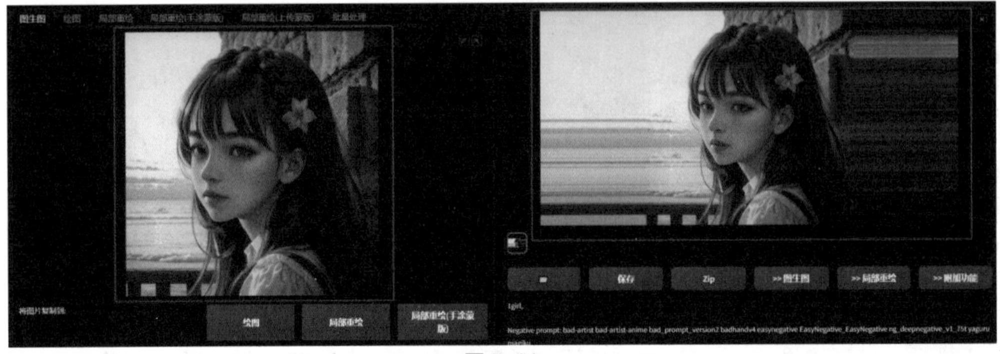

图 5-14

如图 5-14 所示，左图为原图，右图为生成图，直接【填充】会导致背景边缘被无限拉长而模糊不清。我们可以用【局部重绘】和【重绘幅度】功能来修复画面，修复后的效果如图 5-15 所示。

图 5-15

❹ 直接缩放（放大潜变量）

【直接缩放（放大潜变量）】可以对画面直接进行填充。不同于【填充】功能，【直接缩放（放大潜变量）】需要将【重绘幅度】参数加大。同时，这种缩放操作会改变主体内容。

案例 改变画面主体内容

原图和生成图的分辨率均为 512×512 像素，我们将【缩放模式】更改为【直接缩放（放大潜变量）】，如图 5-16 所示。当【重绘幅度】设置为 0 时，生成效果如图 5-17 所示，此时图像被拉长，元素变形严重，画面十分模糊；当【重绘幅度】设置为 0.7 时，生成效果如图 5-18 所示，画面尺寸扩大，背景内容做了重绘填充，画面主体内容也随之变化。

图 5-16

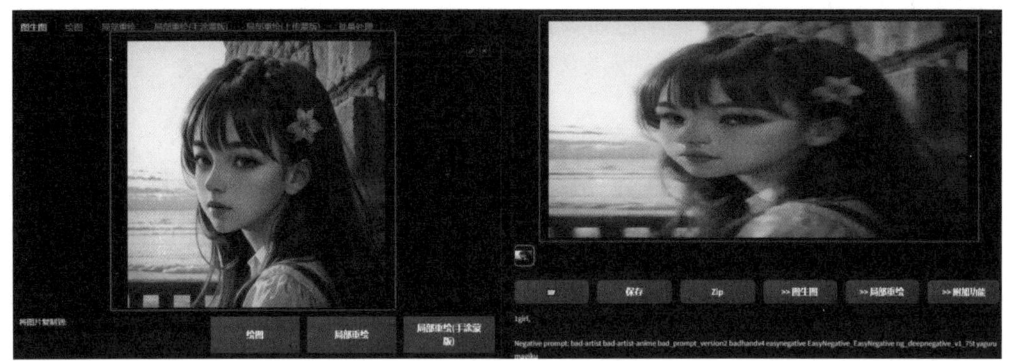

图 5-17

图 5-18

5.1.4 重绘幅度

【重绘幅度】影响生成图和原图的差异程度，界面位置如图 5-19 所示。【重绘幅度】数值越小，生成图保持的原始特征和结构就越多，也更接近原图；相反，数值越大，变化就越大，生成图与原图在外观和细节上的差异也越大。

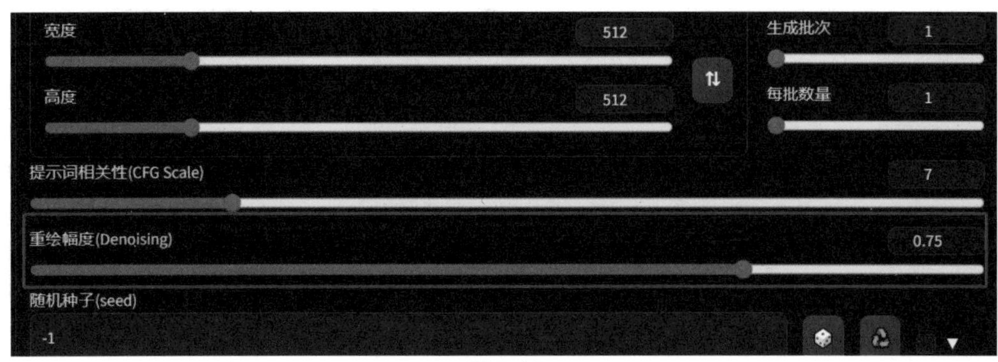

图 5-19

案例 **生成一张与原图片差异明显的新图片**

上传一张像素为 512×512 的人物图片，如图 5-20 所示。

输入【提示词】，如“red hair”，先将【重绘幅度】设置为 0，其他参数保持默认值不变，如图 5-21 所示。然后，单击【生成】按钮，得到的图片没有任何变化，如 5-22 所示。

图5-20

图 5-21

图5-22

接着，【提示词】和其他参数不变，将【重绘幅度】设为 0.5。然后，单击【生成】按钮，得到的新图片和原图片差异明显，如图 5-23 所示。

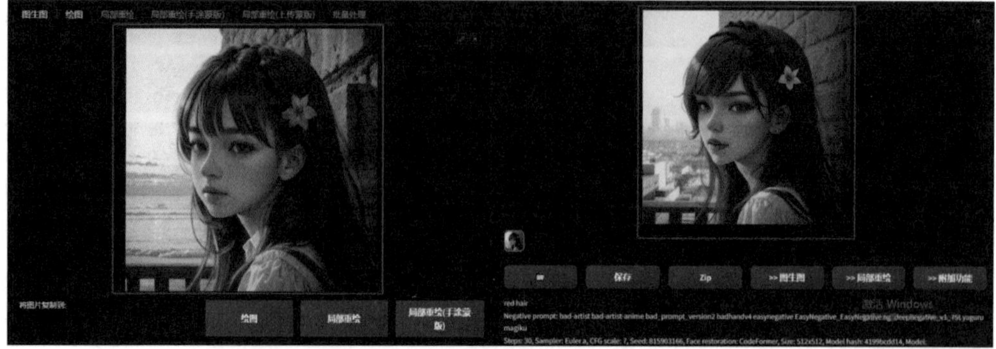

图5-23

5.2 绘图模式详解

在【绘图模式】下，用户可以通过绘图工具进行涂鸦、填充、擦除等操作，实现对生成图像的精细调整。

案例1 利用绘画工具添加元素

要求：在图片中人物的肩膀上添加一只黄色的鸟。

步骤解析如下。

（1）上传一张人物图片，如图 5-24 所示。

（2）选择【绘图模式】右侧的画笔工具，用画笔工具在人物肩膀上涂出一块黄色区域，确定鸟的位置，如图 5-25 所示。

图5-24

图5-25

（3）输入【提示词】，如“A bird”，单击【生成】按钮得到新图片，如图 5-26 所示。

图5-26

注意：即使没有图像，也可以使用【绘图模式】进行涂鸦。

案例2 空白画面直接涂鸦生成图片

要求：用【绘图模式】进行涂鸦并生成新的图片。

步骤解析如下。

（1）导入一张空白图片，用画笔工具简单画出公园的样子，如图 5-27 所示。

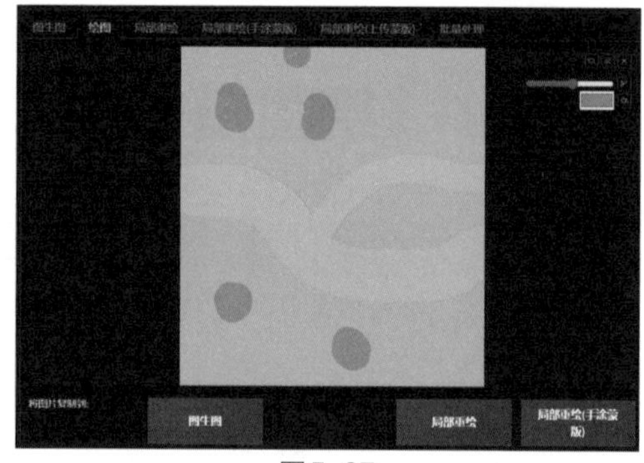

图5-27

（2）输入【提示词】，如“Rivers, grasslands, trees, distant views”，单击【生成】按钮得到新图片，如图 5-28 所示。

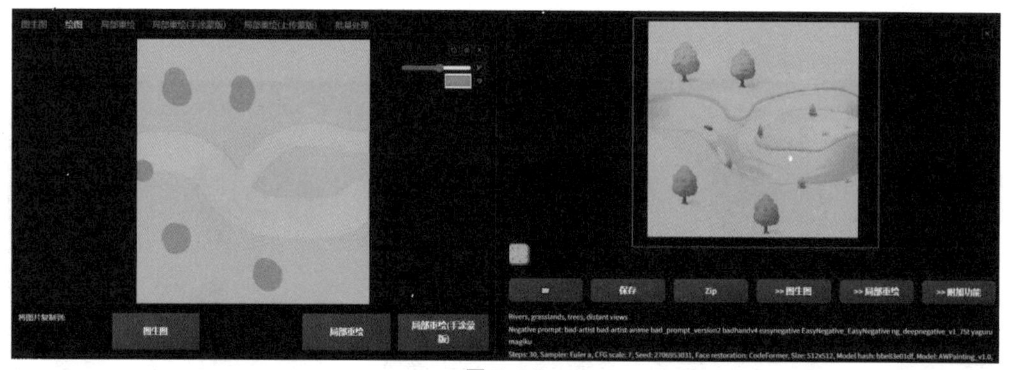

图 5-28

5.3 局部重绘模式

【局部重绘】是一个非常高效的功能，可以对特定区域进行绘制，该功能既满足了用户对画面的修改需求，又确保了画面的完整性。

5.3.1 局部重绘基础用法

案例 重绘人物脸部特征

要求：将图片中的人物表情换成笑脸。

步骤解析如下。

（1）添加一张人物图片，如图 5-29 所示。

图 5-29

（2）使用【局部重绘】右侧的画笔工具涂抹人物脸部，如图 5-30 所示。

（3）输入【提示词】，如“smile”，单击【生成】按钮得到新的图片，如图 5-31 所示。

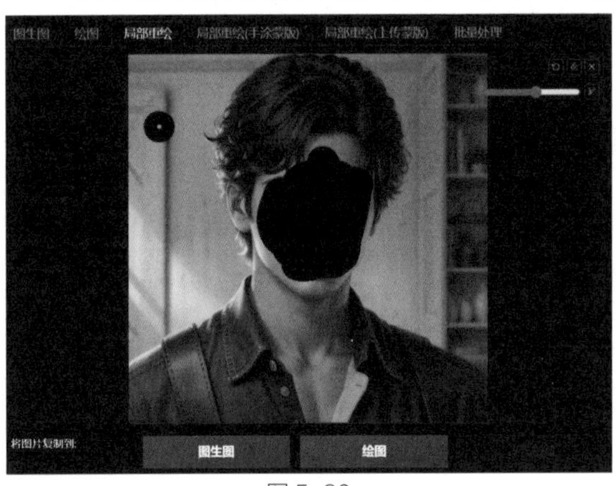

图 5-30

图 5-31

5.3.2 蒙版模糊

【蒙版模糊】类似于 Photoshop 中的羽化功能，能起到柔化边缘的作用，它位于【缩放模式】功能的下方，如图 5-32 所示。

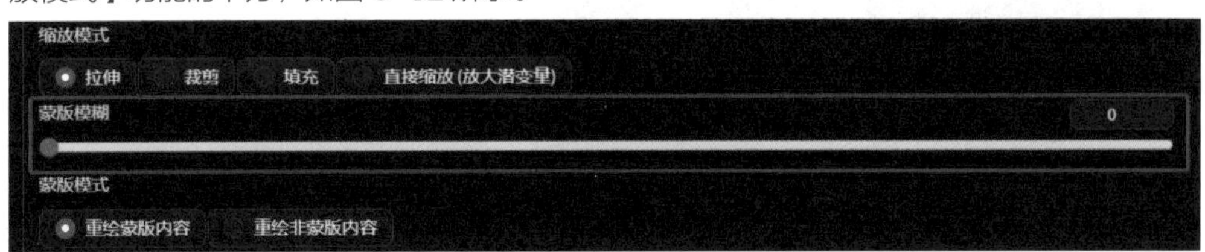

图 5-32

同样以改变人物表情为例，先将【蒙版模糊】的数值设置为 0，生成图片中的人物表情明显生硬不自然，如图 5-33 所示。

将【蒙版模糊】数值重新设置为 4，单击【生成】按钮得到新的图片，如图 5-34 所示，人物嘴角明显放松了。

注意：【蒙版模糊】的数值应当根据需求来设置，通常在 5 ～ 10 之间，数值过大，可能会起反作用。如图 5-35 所示，当【蒙版模糊】的数值设置为 30 时，生成的图片与要求明显不符。

图 5-33

图 5-34

图 5-35

5.3.3 蒙版模式

【蒙版模式】包含【重绘蒙版内容】和【重绘非蒙版内容】两个选项。【重绘蒙版内容】是对【蒙版】中的内容进行重绘，【重绘非蒙版内容】则反之，如图 5-36 所示。

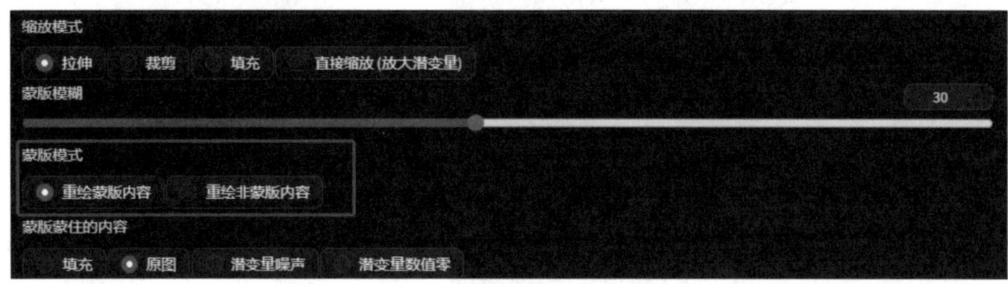

图 5-36

案例 重绘蒙版内容与重绘非蒙版内容

（1）用画笔涂抹原图人脸，脸上的黑色区域即【蒙版】蒙住的部分，如图 5-37 所示。

（2）选中【蒙版模式】下的【重绘蒙版内容】，如图 5-38 所示。

图 5-37

图 5-38

（3）单击【生成】按钮，可以看到被【蒙版】蒙住的部分发生了变化，如图 5-39 所示。

（4）重新选中【蒙版模式】下的【重绘非蒙版内容】，如图 5-40 所示。

图 5-39

图 5-40

（5）单击【生成】按钮，生成的新图中人物的脸部特征没变，而非蒙版区域都已重绘，如图 5-41 所示。

图 5-41

5.3.4 蒙版蒙住的内容

【蒙版蒙住的内容】对应【蒙版区域】生成图像的不同算法，分别有【填充】【原图】【潜变量噪声】【潜变量数值零】，如图 5-42 所示，它们的主要区别在于算法，进而影响了最终生成的图像效果。【填充】效果最好，在实际应用中使用最多；【原图】倾向于保持原图信息，变化较小；【潜变量噪声】与【潜变量数值零】效果相对较差，在实际应用中使用较少。需要注意的是，使用该功能时，需要先将【蒙版模式】改回【重绘蒙版内容】。

图 5-42

❶ 填充

【填充】功能是先将【蒙版内容】模糊化，再经过反复去噪生成新的图片，如图 5-43 所示。

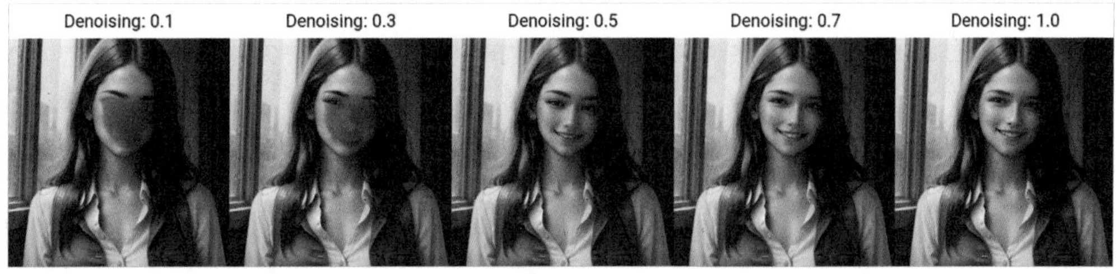

图 5-43

❷ 原图

【原图】功能对【蒙版】的影响不大，前后变化比较小，如图 5-44 所示。

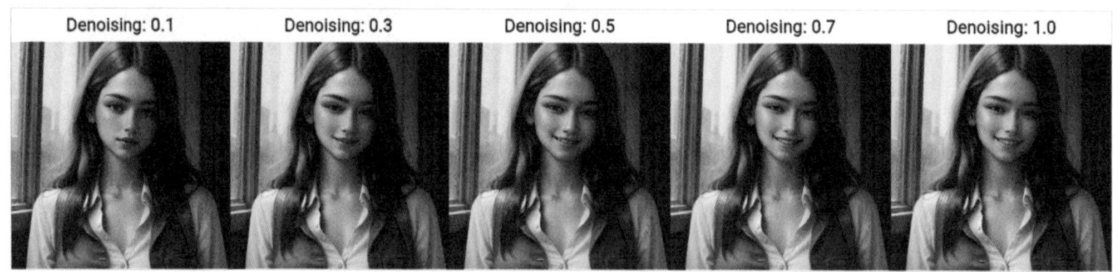

图 5-44

❸ 潜变量噪声

【潜变量噪声】先将【蒙版】部分变为噪声，再重新生成图片，如图 5-45 所示。

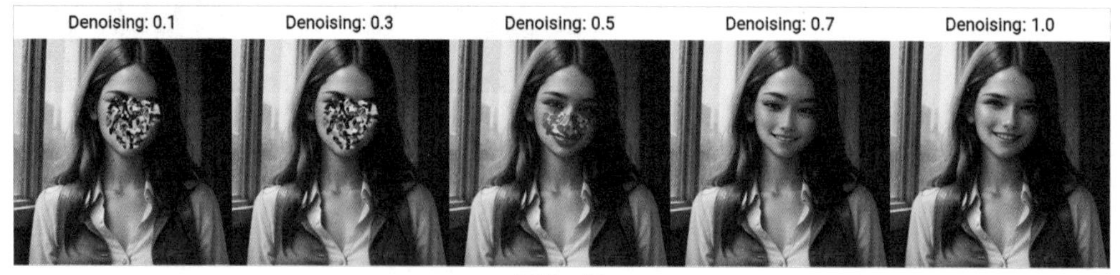

图 5-45

❹ 潜变量数值零

【潜变量数值零】相当于【填充模式】，同样是以先模糊【蒙版】颜色再去噪的过程来生成新图片，如图 5-46 所示。

图 5-46

5.3.5 重绘区域

【重绘区域】有【全图】和【仅蒙版】两个选项，如图 5-47 所示。【全图】是对图片的全部区域进行重绘；【仅蒙版】则仅对【蒙版区域】的内容进行重绘。

图 5-47

分别使用这两个功能生成图片，与原图一同展示，如图 5-48、图 5-49 和图 5-50 所示。通过对比可以看出，【仅蒙版】模式下人物的脸部有些不正，而【全图】模式下的面部更自然，也更准确。

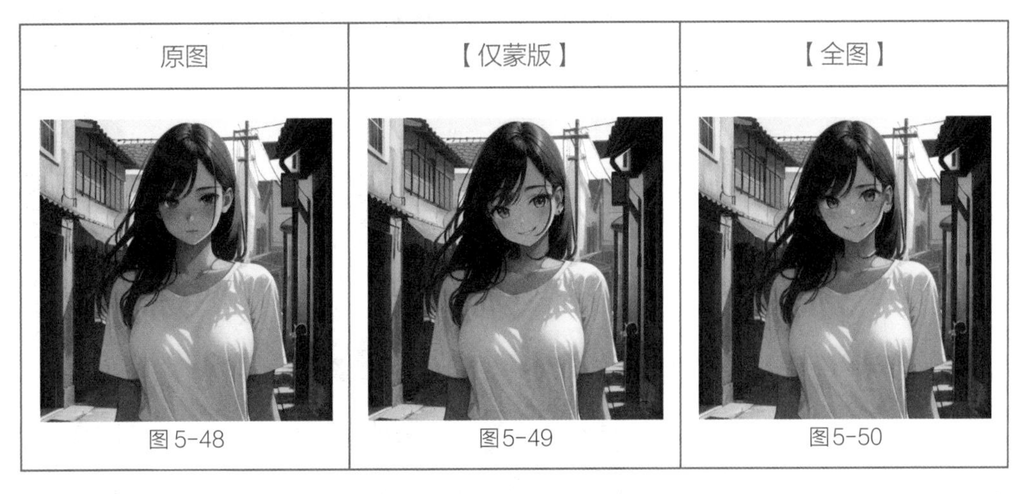

原图	【仅蒙版】	【全图】
图 5-48	图 5-49	图 5-50

注意：【全图】重绘生成的图像更精准，但对显卡的要求也更高。用户需要根据所用电脑的配置，谨慎使用。

5.3.6 仅蒙版模式的边缘预留像素

【仅蒙版模式的边缘预留像素】位于【重绘区域】右侧，如图 5-51 所示，它指的是【蒙版】边缘与原图交接处的像素，调整其预留像素的数值，可以使新生成的内容与原图的融合效果更加自然。需要注意的是，这个数值不能设为 0，若设为 0，蒙版中的像素密度太小，画面容易崩坏。

图 5-51

案例 防止人物脸部崩坏

使用【蒙版模式】涂抹脸部，将【仅蒙版模式的边缘预留像素】数值设置为 0，单击【生成】按钮得到新的图片，如图 5-52 所示，涂抹区域又生成了一张人脸，十分怪异。**为了确保重绘效果，建议在使用【局部重绘】时，各项参数设置与原图的参数保持一致。**

图 5-52

为了修正上面的问题，通常需要拉大【仅蒙版模式的边缘预留像素】的数值，如图 5-53 所示，【仅蒙版模式的边缘预留像素】的数值越高，【蒙版内容】中的像素会越密集，脸部崩坏的概率也就越小。将数值设置为 100，单击【生成】按钮，得到一幅完整的人物图像，如图 5-54 所示。

因此，在【仅蒙版】模式下，【蒙版】内的像素密度是由【仅蒙版模式的边缘预留像素】决定的，具体参数数值需要根据实际情况进行设置。

图5-53

图5-54

5.4 局部重绘（手涂蒙版）模式

【局部重绘（手涂蒙版）】模式又称为【绘图】模式，在该模式下，可以直接在蒙版中涂鸦，准确修改图像的细节，比【局部重绘】模式使用起来更自由，绘制更精细。

5.4.1 局部重绘（手涂蒙版）工作原理

【局部重绘（手涂蒙版）】是一种借用画画的方式来修改图像原有内容的方法，在这种操作中，计算机会根据【蒙版内容】的颜色分布进行修复，从而控制用户想要改变的局部，进而生成新的图像。

案例　通过涂抹工具替换人物服装

要求：将图 5-55 所示的人物的衣服更换为带有黄色图案的长袖上衣。

步骤解析如下。

（1）用画笔涂抹人物的衣服，并用颜色区分衣服颜色和图案，如图 5-56 所示。

图5-55

图5-56

（2）设置各项参数，如图 5-57 所示。

蒙版模糊：4。

蒙版模式：重绘蒙版内容。

蒙版蒙住的内容：原图。

重绘区域：全图。

重绘幅度：0.55。

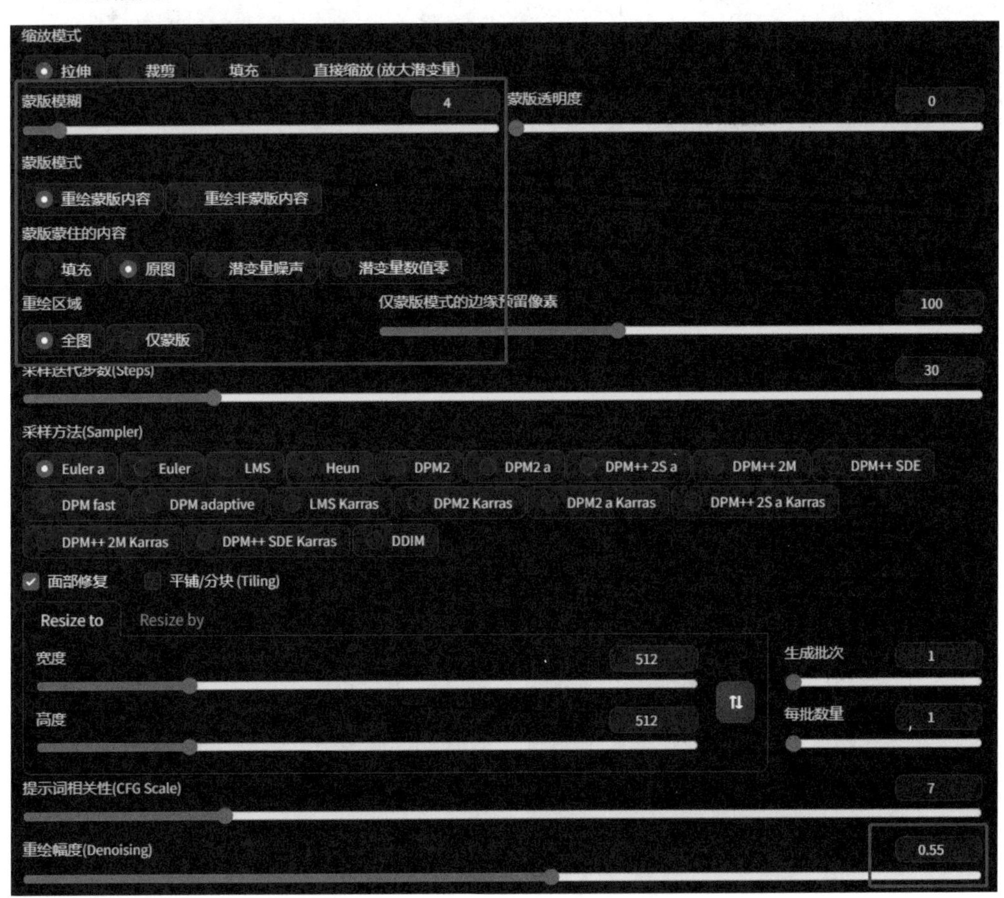

图5-57

（3）单击【生成】按钮得到新的图片，如图 5-58 所示。

图 5-58

5.4.2 蒙版透明度

【局部重绘】和【局部重绘（手涂蒙版）】之间的最大差别在于有无【蒙版透明度】，如图 5-59 所示。

图 5-59

案例　生成同色系但不同款式的服装

要求：给模特换一件紫色的外套。

步骤解析如下。

（1）用画笔工具对人物的衣服进行涂鸦，再将【蒙版透明度】设置为 0，【重绘幅度】拉到最低，从计算机视角来看，原图被紫色完全地覆盖了，如图 5-60 所示。

（2）将【蒙版透明度】重新设置为 30，如图 5-61 所示，画面透明效果明显。

图 5-60

图 5-61

由此可见，【蒙版透明度】数值越高，【蒙版】色块对生成的结果影响越大，也越偏离想要的结果；反之，【蒙版透明度】数值越小，就越接近想要的结果。不同透明度下生成的效果也有差异，如图 5-62 和图 5-63 所示。

【蒙版透明度】数值为 30	 【蒙版透明度】数值为 0
 图5-62	 图5-63

5.5 局部重绘（上传蒙版）

【局部重绘（上传蒙版）】与【局部重绘（手涂蒙版）】功能相近，区别在于，选择前者时，用户可以自行【上传蒙版】。相比之下，【手涂蒙版】的边缘通常会比较粗糙，影响最终效果的细腻度。

注意：为了获得更加精细的图像效果，我们可以使用 Photoshop 等图像处理软件，先对需要【局部重绘】的部分进行剪裁，再创建、贮存并重新上传【蒙版】至【局部重绘】。

【局部重绘（上传蒙版）】包含【上传图片】（位于模块上方）和【上传蒙版】（位于模块下方），如图 5-64 所示。

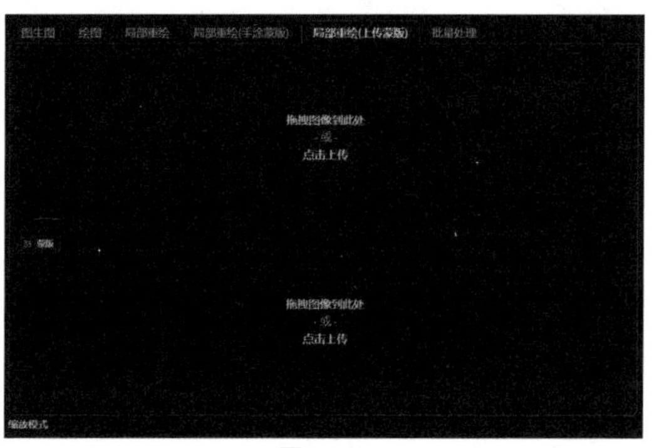

图 5-64

案例 获得更精准的服装替换效果

（1）准备一张人物图片，如图 5-65 所示。

（2）将图片导入图像处理软件，进行【蒙版】制作，得到一张黑白色的【蒙版】图片。在 Stable Diffusion 中，白色的部分是【蒙版】，黑色的部分为空白部分，如图 5-66 所示。

图 5-65

图 5-66

（3）将人物图片与【蒙版】上传到【局部重绘（上传蒙版）】模块，如图 5-67 所示。

（4）单击【生成】按钮，可以看到人物的衣服被替换了，如图 5-68 所示。

图 5-67

图 5-68

5.6 批量处理技巧与应用

【批量处理】可以对大批量图片进行处理，界面如图 5-69 所示。其功能包括输入目录（原图）、输出目录（生成的图片）、蒙版输入目录和 Controlnet 输入目录（不常用）。

图生图　绘图　局部重绘　局部重绘(手涂蒙版)　局部重绘(上传蒙版)　批量处理
处理服务器主机上某一目录里的图像
输出图像到一个空目录，而非设置里指定的输出目录
Add inpaint batch mask directory to enable inpaint batch processing.
输入目录
输出目录
Inpaint batch mask directory (required for inpaint batch processing only)
Controlnet input directory
Leave empty to use input directory
缩放模式
拉伸　裁剪　填充　直接缩放 (放大潜变量)

图 5-69

案例　批量化替换服装

（1）准备好原图和【蒙版】图并新建输入目录和蒙版输入目录文件夹，再将两种图片分别放入对应的文件夹内，如图 5-70 和图 5-71 所示。

图 5-70

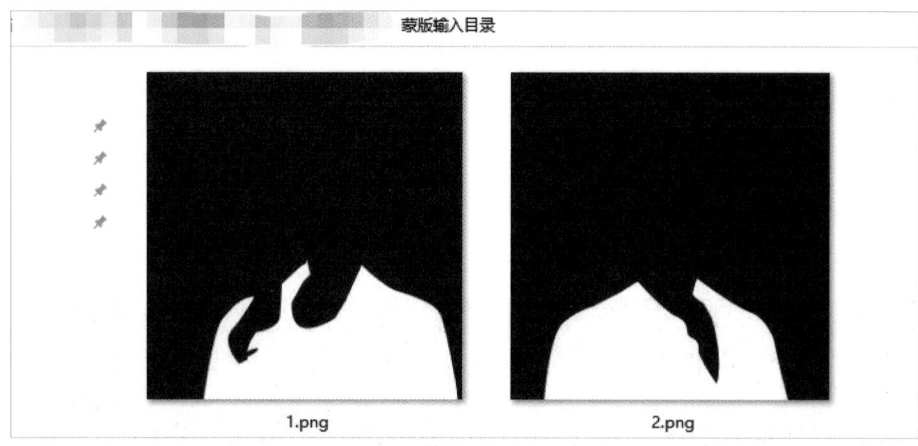

图 5-71

（2）将目录路径输入【批量处理】中，如图 5-72 所示。

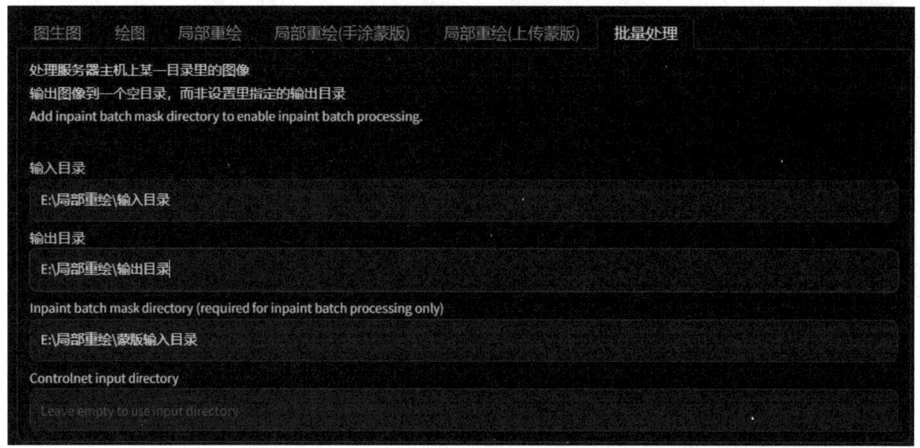

图 5-72

（3）单击【生成】按钮，原图被批量处理，在输出目录中可以看到处理后的结果，如图 5-73 所示。

图 5-73

第6章

06 更多扩展：其他基础功能

Stable Diffusion 还有其他一些功能，例如，脚本的使用、提示词的使用和反推，以及图片信息的处理等。这些功能的目的是为用户提供更具稳定性和创造性的图像。

6.1 X/Y/Z 图表

在图像生成过程中，适当地调节各种参数至关重要。然而，手动调节这些参数既耗费时间和精力，又可能产生人为误差。因此，为图像生成软件提供快速调节参数的功能变得十分关键。

其中，脚本【X/Y/Z 图表】功能因其超高的实用性，被 Stable Diffusion 用户广泛使用。通过【X/Y/Z 图表】功能，用户能够轻松地在不同方向上调整参数，直观地观察各参数对图像生成效果的影响。同时，【X/Y/Z 图表】功能还支持快速进行数值测试和模型验证，不仅减少了手动调整参数时的困扰，还大幅提高了图像生成的效率。

6.1.1 轴类型和轴值

【X/Y/Z 图表】允许在三个不同方向上设定不同的参数，从而快速生成一系列相应的图片。操作时，在脚本栏目选择【X/Y/Z plot】选项后，会弹出【X/Y/Z 图表】的参数界面，如图 6-1 所示。

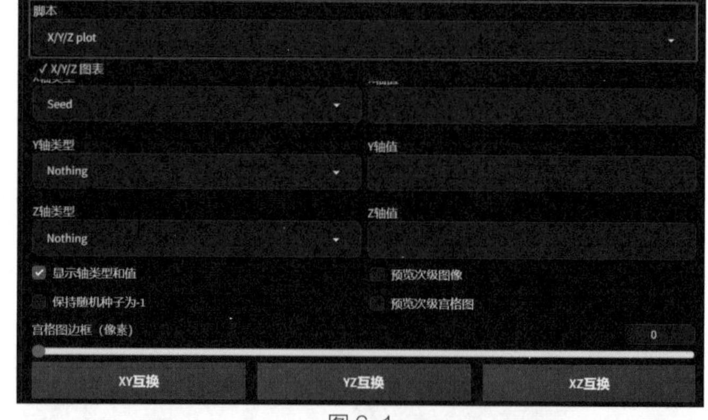

图 6-1

界面显示，轴类型有 X 轴类型、Y 轴类型和 Z 轴类型；轴值有 X 轴值、Y 轴值、Z 轴值，如图 6-2 所示。

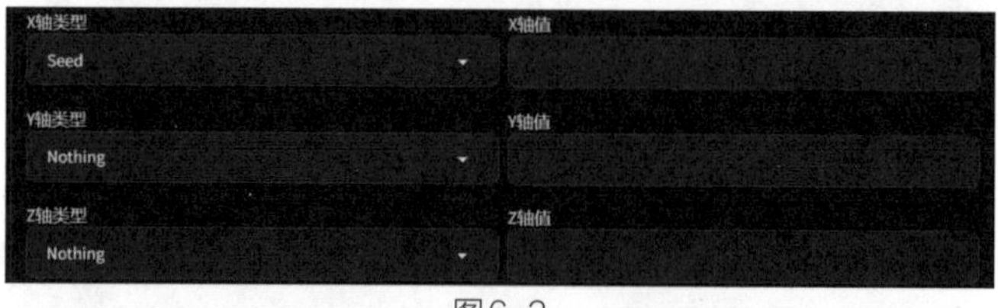

图 6-2

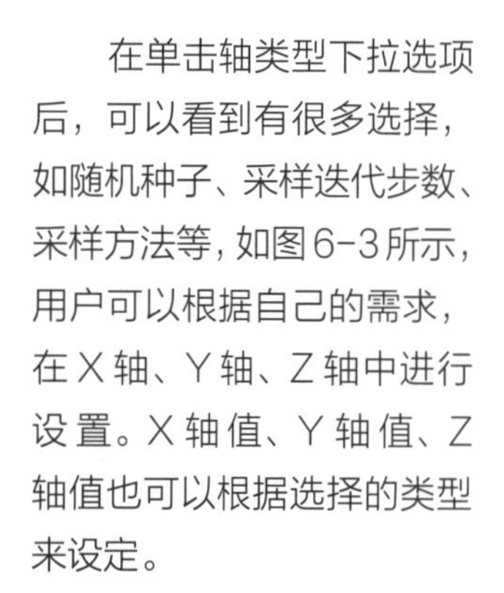

在单击轴类型下拉选项后，可以看到有很多选择，如随机种子、采样迭代步数、采样方法等，如图 6-3 所示，用户可以根据自己的需求，在 X 轴、Y 轴、Z 轴中进行设置。X 轴值、Y 轴值、Z 轴值也可以根据选择的类型来设定。

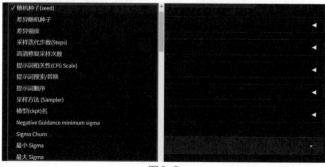

图 6-3

案例1　不同模型下生成图的差异

若想对比不同模型在画面生成上的差异，可以在X轴类型中选择【Checkpoint name】选项，并在X轴值中选择对应的模型，然后进行图像生成，参数设置如图6-4所示。

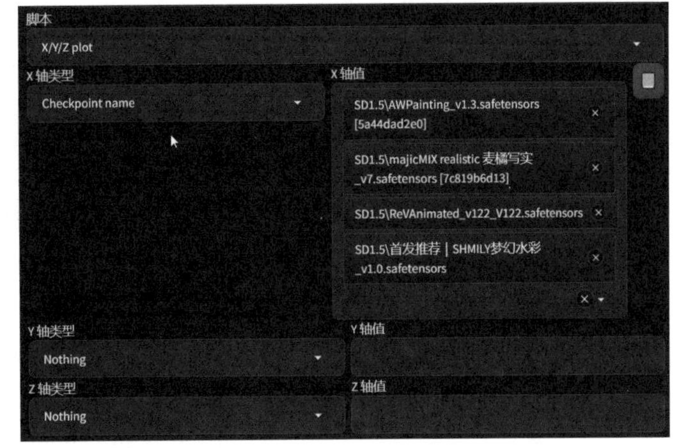

图6-4

输入【提示词】，如“1 girl”，单击【生成】按钮，Stable Diffusion将呈现在X轴值中所选择的模型下生成的不同风格的图片，如图6-5所示，画面差异明显。

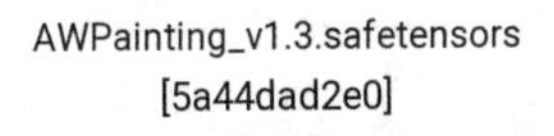

majicMIX realistic
▯▯▯▯_v7.safetensors
[7c819b6d13]

ReVAnimated_v122_V122.safetensors

▯▯▯▯▯SHMILY▯▯▯▯_v1.0.safetensors

图6-5

案例2　不同迭代步数下生成图的差异

若想看到不同模型、不同迭代步数下，图片生成的效果，可以在X轴类型中选择【Checkpoint name】选项，并在X轴值中选择对应的模型，在Y轴类型中选择【Steps】选项，并在Y轴值中值输入“5,10,15,20,30,40”，如图6-6所示。

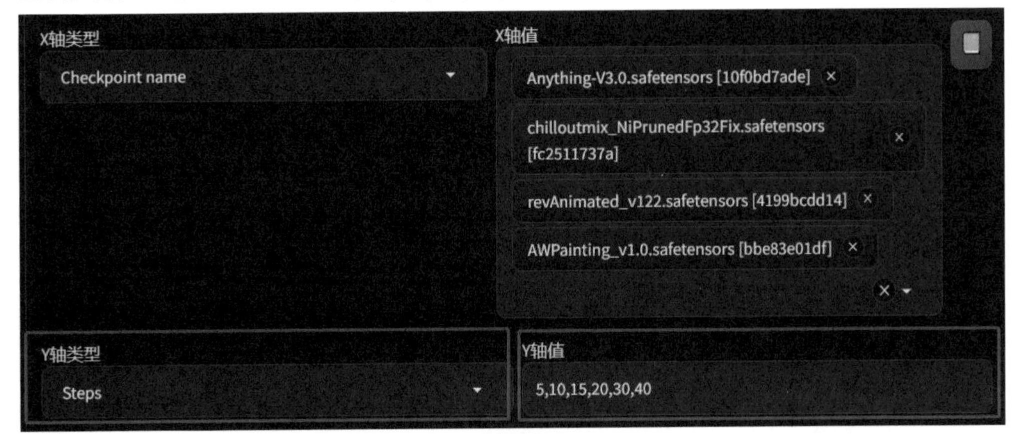

图6-6

接着，在输入【提示词】“1 girl”的情况下，Stable Diffusion 生成了一张图表，将其分为横轴和纵轴。横轴表示模型名称，纵轴表示迭代步数，如图 6-7 所示。通过对比，能够清晰地观察到在不同模型参数设置下，图片有着不同的生成效果，用户可以从中找到最适合其需求的参数配置。

图6-7

6.1.2 其他参数

❶【显示轴类型和值】

在选中【显示轴类型和值】复选框后，生成图中会显示轴类型和值，如图 6-8 所示。

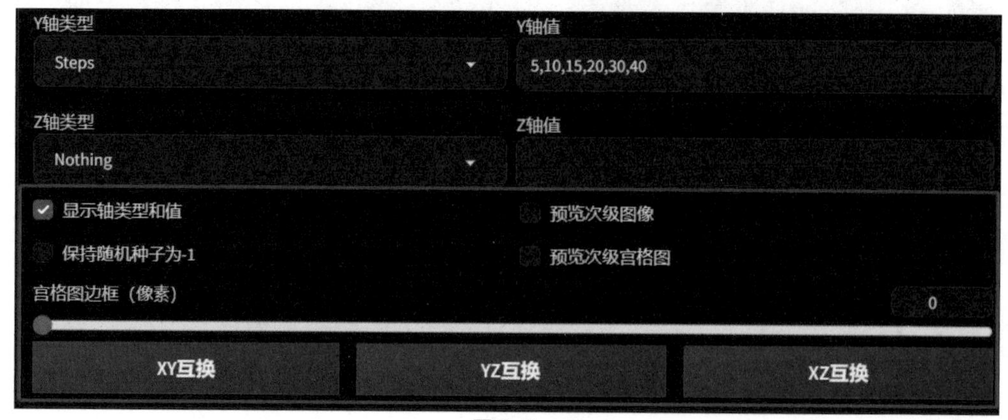

图 6-8

❷【保持随机种子为 -1】

在选中【保持随机种子为 -1】复选框后，系统会在每次生成图片时采用随机的种子。这一功能不常用，适合有特定需求的用户。

❸【宫格图边框（像素）】

【宫格图边框（像素）】数值越大，生成图间的边框线越粗。当数值选择 66 时，生成图效果如图 6-9 所示。

图 6-9

❹【预览次级图像】与【预览次级宫格图】

基本不会用到，可忽略。

❺【XY 互换】【YZ 互换】【XZ 互换】

这些快捷方式允许用户快速地将已设置好的不同轴上的参数进行互换。

6.2 提示词矩阵

【提示词矩阵】为用户提供了一种系统化的方法，来深入研究【提示词】对生成图像的影响。用户可以在【提示词】文本框中输入不同的词语，测试不同主题、风格、场景或特定要素在生成图像中的呈现效果。通过分析【提示词矩阵】的测试结果，用户可以更精准地理解【提示词】对生成图像的影响，进而从测试中选择最能达到预期效果的【提示词】组合，进一步提升生成图像的质量和契合度。

6.2.1 语法

在设置界面的脚本中，选择【Prompt matrix】选项，即【提示词矩阵】，如图 6-10 所示。

【提示词矩阵】的语法格式如下。

正常提示词 | 改变提示词 1| 改变提示词 2| 改变提示词 3……

通常输入的【提示词】分两个部分，即“正常部分”和“可变部分”，如“A girl with upper body photo|red hair|blue hair|yellow hair”，如图 6-11 所示。其中“A girl with upper body photo”为“正常部分”，“red hair| blue hair|yellow hair”为“可变部分”。

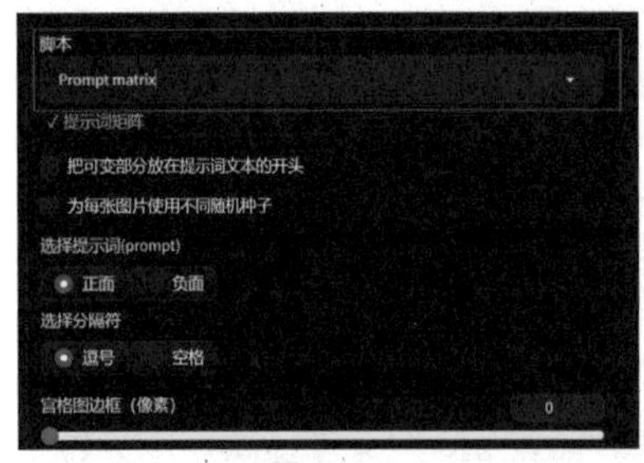

图 6-10

图 6-11

单击【生成】按钮，得到一张组合图，如图 6-12 所示。能在图中清楚地看到，不同的【提示词】对图片生成产生的影响也不同，这样的功能适合用于生成比较或者观察的组合图片。

图 6-12

【提示词矩阵】功能和【X/Y/Z 图表】功能在某些方面存在相似性，但【提示词矩阵】功能的操作更加简单，它只能改变【提示词】，不能更改其他参数。

6.2.2 参数设置

【提示词矩阵】的参数设置有 5 种，如图 6-13 所示。

图 6-13

❶ 把可变部分放在提示词文本的开头

选中该复选框，【提示词矩阵】需要放在【提示词】的前面。

❷ 为每张图片使用不同随机种子

选中该复选框，每张图片的差异会变得更多，会得到意想不到的效果。

❸ 选择提示词（prompt）

选中【正面】单选按钮，则【提示词矩阵】功能要在【提示词】输入框中才能使用，选中【负面】单选按钮同理。

❹ 选择分隔符

【提示词】有两种分隔方式，分别是【逗号】和【空格】，无论选择哪个，对结果都没有影响。

❺ 宫格图边框（像素）

这个功能可以改变图片之间的边框线粗细。

6.3 批量载入提示词

在图像生成的实际操作过程中，为了提高效率，经常需要批量载入【提示词】。逐个添加【提示词】不仅烦琐而且耗时，这时，引入【批量载入提示词】功能就变得尤为重要。用户只需将待导入的【提示词】保存在特定的文本文件中，一次性导入软件即可。这样就可以在调用生成图像命令之前，快速实现各种类型的图像效果。

【批量载入提示词】功能，可以通过【Prompts from file or textbox】即【从文本框或文件载入提示词】这样的脚本来实现，如图 6-14 所示。这个脚本中的【提示词】不仅包括生成图片所需的内容【提示词】，还包括生成图片所需要设置的参数。利用这个脚本，用户可以实现不同参数下的批量出图。

图 6-14

案例 使用脚本生成图片

先选择脚本：【Prompts from file or textbox】，如图 6-15 所示，在【提示词输入列表】输入下面的关键词。

--prompt"A girl with upper body photo, red hair"

--prompt"A girl with upper body photo, red hair" --negative_prompt"low quality" --width 1024--height 768--sampler name"DPM++2M Karras" --steps10--batch_size 2 --cfg_scale 3

--prompt "A girl with upper body photo, yellow hair" --steps 7 --sampler_name "DDIM"

--prompt "A girl with upper body photo, blue hair" --width 1024

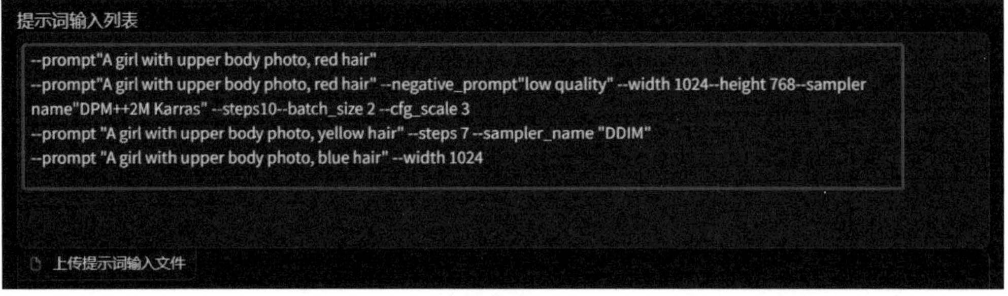

图 6-15

每一行都代表一张图片的描述，而每个参数都以“--”开头，并以空格作为分隔。若想添加【反向提示词】，只需再输入 --negative_prompt“ ”，冒号内为反向提示词内容。同样的方法也适用于添加更多的参数，只需加一个空格和“--”，就可以将参数分开。单击【生成】按钮即可得到对应的图片，如图 6-16 所示。

图 6-16

6.4 附加功能

【附加功能】模块主要提供了【图片高清放大】功能，【图片高清放大】能够将低分辨率图像无损扩大至高分辨率，同时还可以保持图像细节的清晰度和真实性。这项技术不仅能够提高图像的分辨率，还可以有效修复原图中模糊和缺失的部分，使图像变得更加精细完整。【附加功能】模块主要包括【图片上传】【缩放方式】和【图片放大】功能，如图 6-17 所示。

图 6-17

6.4.1 图片上传

【图片上传】分为【单张图像】【批量处理】【从目录进行批量处理】三个功能区。【单张图像】是对单个图像进行高清放大处理；【批量处理】可以上传并处理多个图像，如图 6-18 所示。【从目录进行批量处理】是直接输入图像所在目录进行批量处理，如图 6-19 所示。

图 6-18

文生图 图生图 附加功能 图片信息 模型合并 训练 OpenPose 编辑器 3D Openpose

单张图像 批量处理 从目录进行批量处理

输入目录

服务器主机上某一目录

输出目录

留空以将图像保存到默认路径

显示输出图像

生成

图 6-19

6.4.2 缩放方式

【图片上传】功能区下方是【缩放方式】功能区，缩放方式包括【等比缩放】与【指定分辨率缩放】, 如图 6-20 和图 6-21 所示。

图6-20

图 6-21

两者的区别在于，缩放的标准不同，一个是按比例缩放，一个是按分辨率缩放。

6.4.3 图片放大

【图片放大】功能有两种设置，分别是 Upscaler1 和 Upscaler2，如图 6-22 所示。

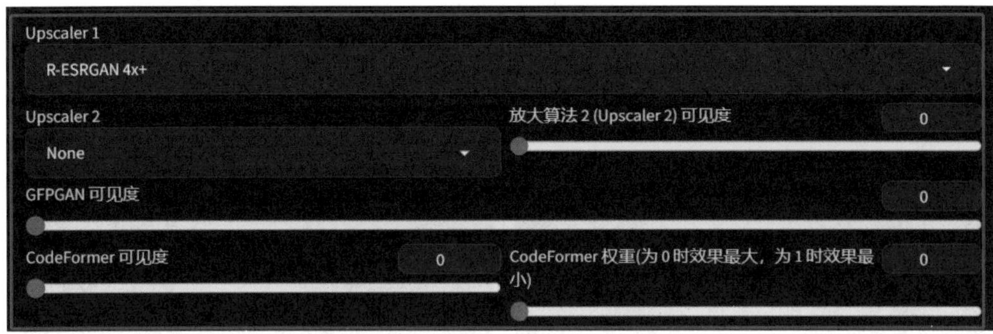

图 6-22

（1）放大算法 2(Upscaler 2) 可见度是 Upscaler2 对应的作用强度，若数值为 0，则放大算法 2 不起作用。

（2）GFPGAN 可见度和 CodeFormer 可见度是关于人脸修复的算法，可用于人像放大。

案例 用放大算法还原图片清晰度

将一张模糊的图片导入【附加功能】（后期处理）模块，如图 6-23 所示。

图 6-23

注意：放大算法中的选择要贴合图片本身，通常，写实图片选择 R-ESRGAN 4x+ 算法，漫画图片选 R-ESRGAN 4x+Anime6B 算法。

此案例选择 R-ESRGAN 4x+ 算法，设置等比缩放的参数为 4，如图 6-24 所示。单击【生成】按钮，即可得到一张更加清晰的图片，如图 6-25 所示。

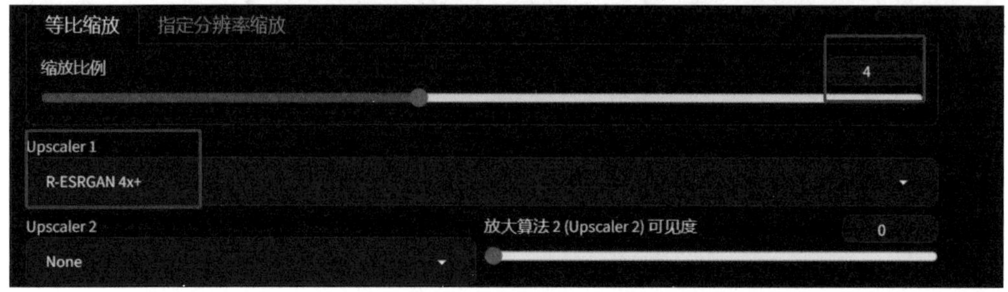

图6-24

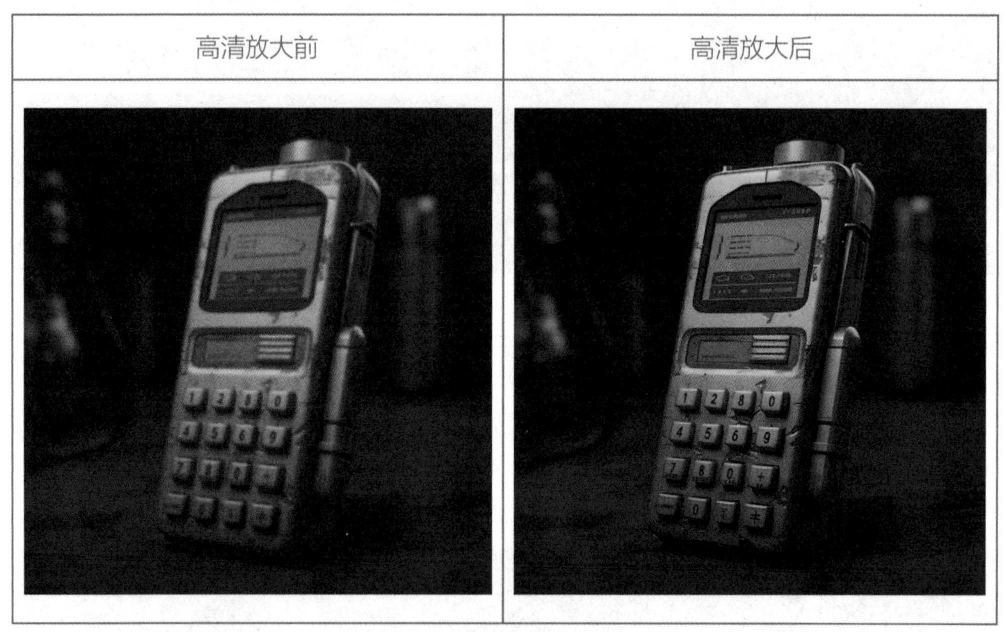

图6-25

6.5 图片信息

【图片信息】功能可以提取由 Stable Diffusion 生成的图片的信息，显示图片生成的【提示词】和各项参数，其界面如图 6-26 所示。

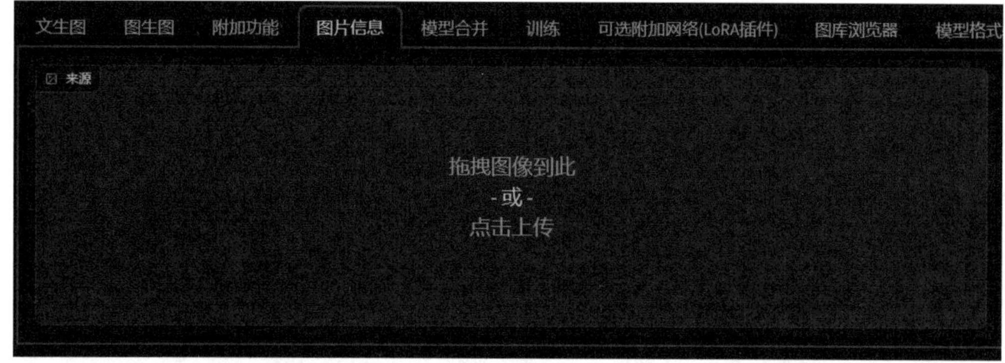

图6-26

案例　显示生成图的各项信息

将一张由 Stable Diffusion 生成的图片拖入【图片信息】模块中，右侧显示此图的全部信息，包括【提示词】【反向提示词】【迭代步数】【采样器】等参数数值，如图 6-27 所示。单击相关按钮，这些参数还可以自动发送到【文生图】【图生图】【局部重绘】【附加功能】等模块中。

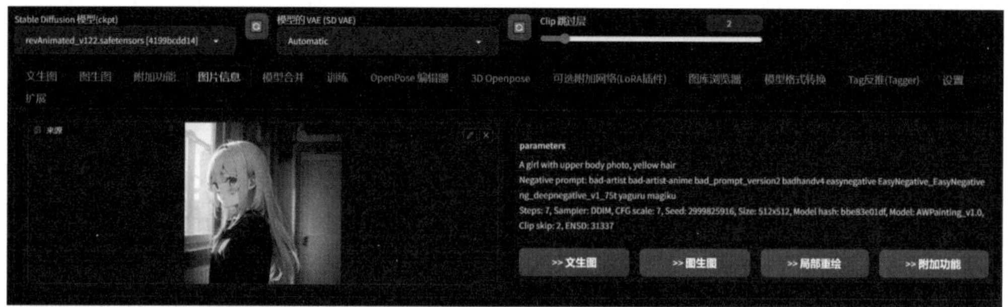

图6-27

6.6 提示词反推的三种模式

当用户想要生成一张图片但又不确定合适的【提示词】时，可以充分利用【提示词反推】功能。该功能通过上传图片，让 Stable Diffusion 可以反推出该图的【提示词】，然后用户可以根据这些【提示词】进行图像生成，从而得到与上传图片类似的结果。

【提示词反推】不仅能帮助用户理解图片信息，还能用于管理大批量图片。通过该技术，系统可以自动从图片中提取相关信息并生成对应的标签，从而帮助用户节省时间和精力。

【提示词反推】的三种模式如下。

（1）CLIP 反推提示词。

（2）DeepBooru 反推提示词。

（3）Tag 反推提示词。

【CLIP 反推提示词】与【DeepBooru 反推提示词】都位于【图生图】界面【提示词】输入框的右侧，如图 6-28 所示。

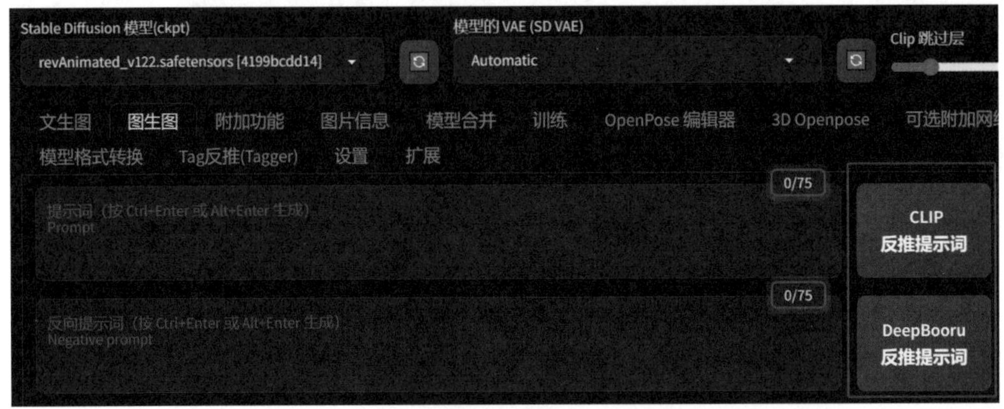

图6-28

【Tag 反推(Tagger)】在顶部功能栏，单击直接进入【Tag 反推(Tagger)】的功能界面，如图 6-29 所示。

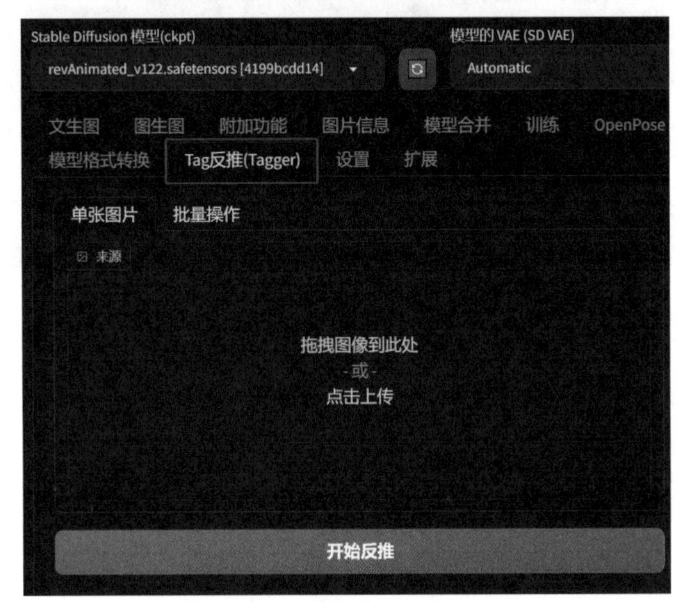

图6-29

6.6.1 CLIP 反推提示词

【CLIP 反推提示词】功能是通过上传到 Stable Diffusion【图生图】界面的图片，进行提示词反推的，对应的是 Stable Diffusion 中的自然语言描述模型。该模型会自动生成自然语言描述句，语句的描述侧重于图像的内容，包括画面中对象的关系等。在说明物品与物品之间的关系上，短句描述明显比单词描述更有优势。

案例 利用反推文字描述生成新图

上传一张图片到【图生图】界面，如图 6-30 所示。单击【CLIP 反推提示词】按钮，【提示词】输入框显示反推的结果为“a anime girl with white hair and a cat ears on her head standing in front of the ocean with a blue sky and clouds”，如图 6-31 所示。

图 6-30

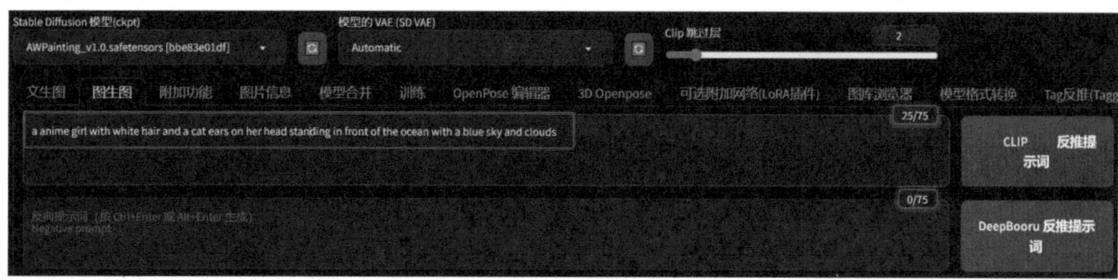

图 6-31

6.6.2 DeepBooru 反推提示词

【DeepBooru 反推提示词】对应 NovelAi 等打标签的模型，生成的是一系列标签，常用于描述人物的特征。

案例 利用反推标签生成新图

同样以上述人物图片为例，放入【图生图】界面后，单击【DeepBooru 反推提示词】按钮，生成的【提示词】为“blue_sky,cloud,cloudy_sky,sky,day,horizon, condensation_trail, 1girl, animal_ears, ocean, solo, outdoors, long_hair, sleeveless, sailor_collar, blue_eyes, animal_ear_fluff, sleeveless_shirt, bare_shoulders, beach, upper_body, sun, breasts”，如图 6-32 所示。

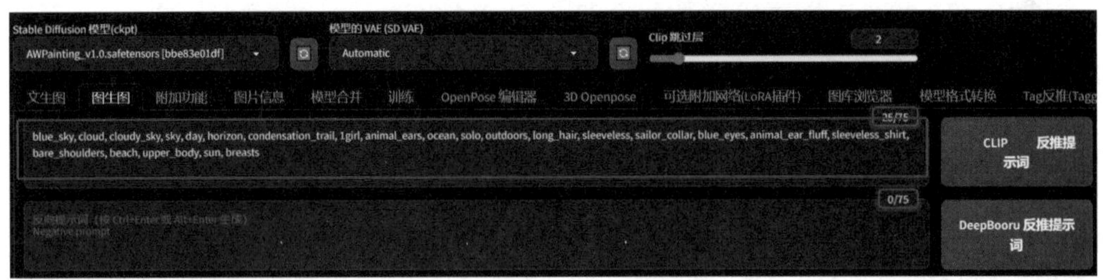

图6-32

可以看到，同一张图片，使用【DeepBooru 反推提示词】和【CLIP 反推提示词】进行反推得到的结果有所不同。虽然【DeepBooru 反推提示词】生成的是一系列标签，【CLIP 反推提示词】生成的是一段文字描述，但它们表达的意思相同。根据它们反推的【提示词】进行生成得到的结果对比，如图 6-33 所示。

原图	【DeepBooru 反推提示词】	【CLIP 反推提示词】

图6-33

6.6.3 Tag 反推提示词

Tag 反推提示词被单独划分到一个模块中，它的功能更多，如图 6-34 所示，包括【单张图片】【批量操作】【反推算法】【阈值】等辅助功能。

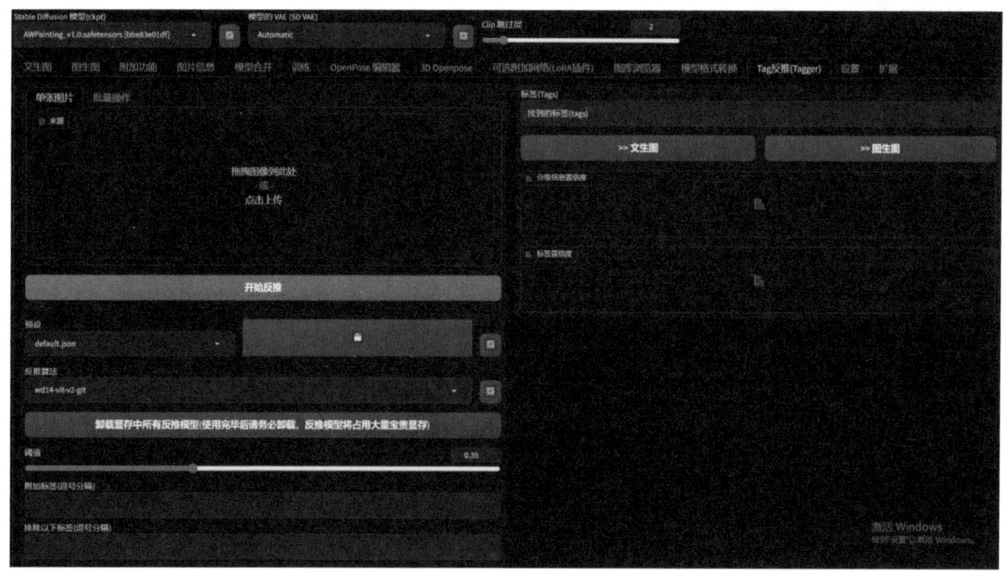

图6-34

❶ 单张图片

【单张图片】功能就是对单张图片进行处理。允许用户上传一张人物图片，并保持其他设置为默认选项，单击【开始反推】按钮，右侧【标签】功能栏将迅速显示该图片的标签信息。同时，在【标签】功能栏下方，系统还会对图片的标签信息进行分析和解读，如图 6-35 所示。

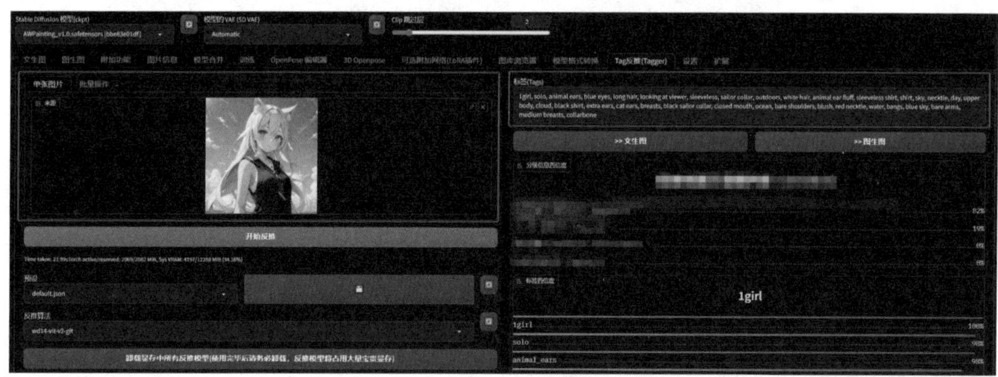

图6-35

❷ 批量操作

【批量操作】界面如图 6-36 所示，接下来，我们进行案例演示。

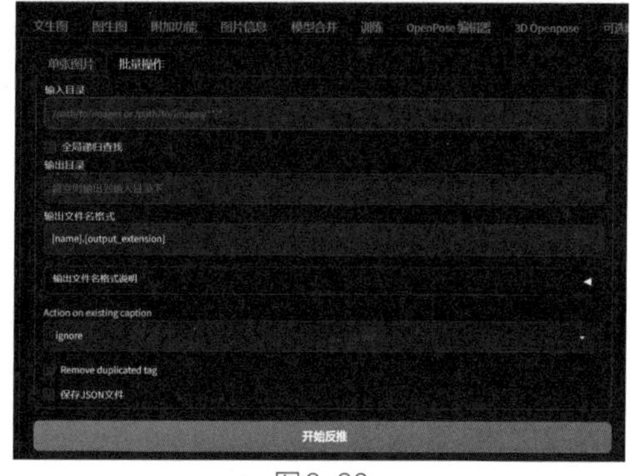

图6-36

资源下载码：202408

（1）准备一个目录，导入两张图片，如图 6-37 所示。

图6-37

（2）选中【批量操作】选项，将图片的目录输入【输入目录】栏目中，如图 6-38 所示。

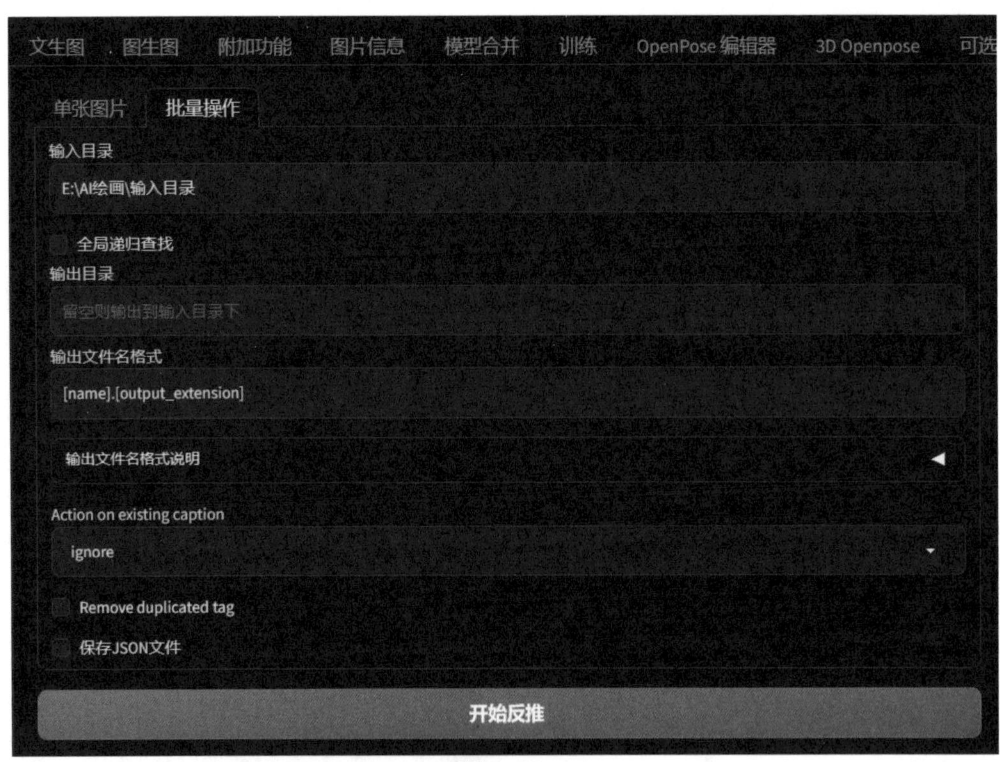

图 6-38

（3）单击【开始反推】按钮，可以看到输入目录内出现了对应的含有图片标签信息的文件，如图 6-39 所示。

图 6-39

注意：若文件夹中还有文件夹且都想打上标签，则需要选中【全局递归查找】复选框。

❸ 反推算法

【反推算法】的种类很多，区别在于计算方法不同。建议优先选择 wd14-vit-v2-git 算法，因为它在物品识别和 Tag 准确度方面表现极为出色。这种算法不仅推算速度快，而且标签准确度高，如图 6-40 所示。

图 6-40

❹ 阈值

【阈值】是一个百分比数值，用来确定哪些标签会被选中并显示在已选标签框中。当图像中某个属性占比超过设定的阈值（如大于 36%）时，相应的标签就会出现在已选标签框中。以“蓝天”为例，如果画面中“蓝天”的属性占比超过 36%，那么“蓝天”这个关键词就会出现在标签中。用户可以根据需要灵活调整这个阈值的大小。简单来说，如果用户将【阈值】设置得越小，就会有越多的标签出现在已选标签框中。通常，建议将阈值设置在 0.36 到 0.4 之间。如图 6-41 和图 6-42 所示，分别将【阈值】设为 0.35 和 0.1，我们可以看到后者的提示标签明显比前者多。

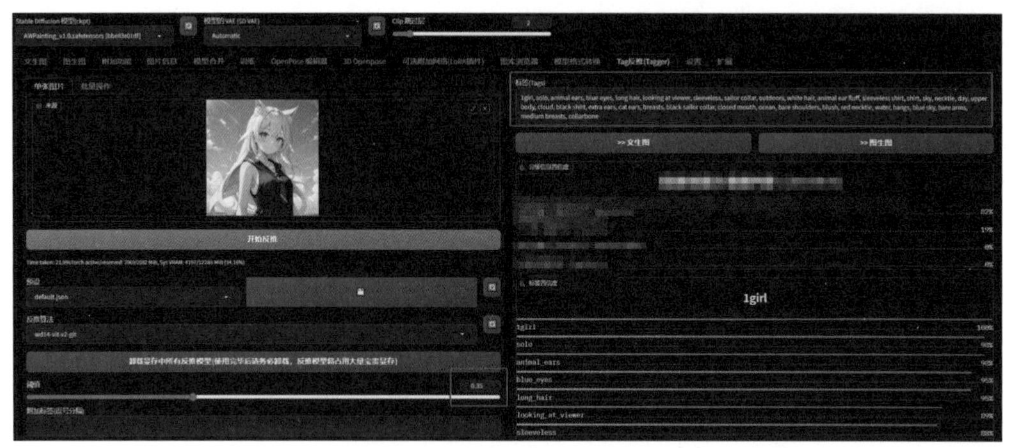

>> 文生图
>> 图生图
开始反推
1girl
1girl
solo
animal_ears
blue_eyes
long_hair
looking_at_viewer
sleeveless

图 6-41

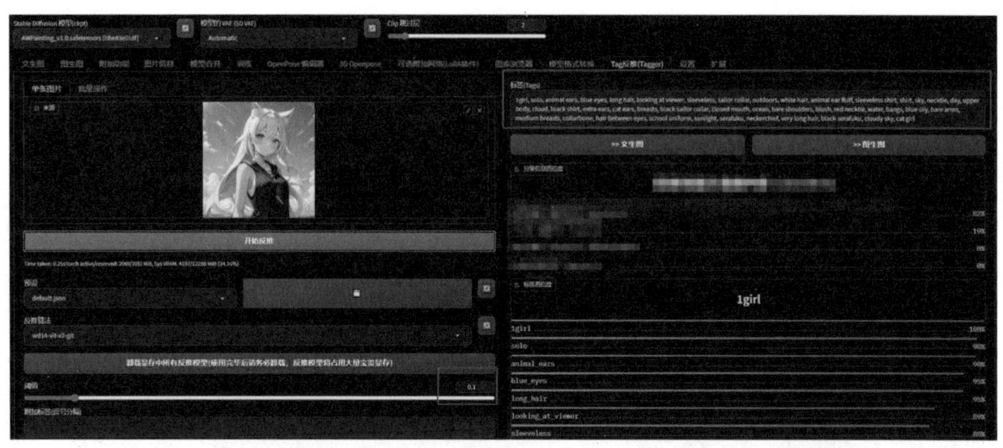

>> 文生图
>> 图生图
开始反推
1girl
1girl
solo
animal_ears
blue_eyes
long_hair
looking_at_viewer
sleeveless

图 6-42

第7章

精准进阶：插件 ControlNet 功能解析

提示词和相关基础参数的设置是 Stable Diffusion 的基础功能，它们是实现生成图效果的基本手段。然而，若想得到更好的图像生成效果，仅仅依赖这些基础功能是不够的，还需要学习进阶工具，如 ControlNet 插件。

ControlNet 是一款功能强大且全面的插件，它允许用户对生成的图像加以约束。通过灵活运用 ControlNet，用户可以从多个角度对图像施加限制，从而大幅度提高生成图像的准确性。

7.1 ControlNet 的设计原理

ControlNet 就像一位得力的工作助手，它可以精准抓取输入图片的边缘特征和深度特征等信息，达到快速生成图像的目的。

案例1 对相同特征的人物做约束

ControlNet 的使用非常简单，以控制图片中的姿势为例，用户只需要将图片拖入 ControlNet 中，并输入【提示词】“dance”，即可得到各种不同舞蹈姿势的新图片，如图 7-1 所示。

此外，它还能利用这些信息对图片进行【约束】，确保生成的图片既符合用户需求又保持高度的准确性。

图 7-1

案例2 对同一姿势做约束

（1）输入一张“姿势突出”的图片，如图 7-2 所示。

（2）单击【生成】按钮，得到如图 7-3 所示的同一姿势的图片，多次【生成】后可以发现，新图片的人物姿势始终保持不变。

原理：ControlNet 之所以能够利用抓取的信息对生成图片的姿势进行有效约束，关键在于其搭载的多种控制模型，如 Checkpoint、Lora 等。这些模型经过大量的图像数据训练和信息记录，增强了 ControlNet 控制约束图像的能力。

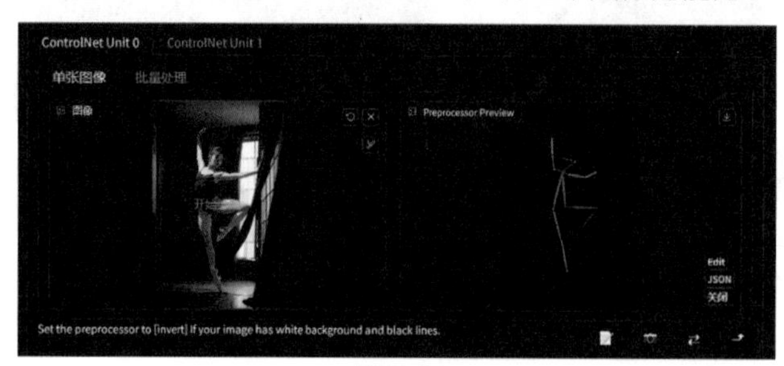

图7-2

图7-3

7.2 ControlNet 的安装

在使用 ControlNet 之前，需要先执行两个安装步骤，分别是插件安装和模型安装。

7.2.1 ControlNet 插件安装

ControlNet 插件的安装方法有三种，分别是内置列表查询安装、链接安装以及安装包直接安装。

❶ 内置列表查询安装

在 Stable Diffusion 界面中找到【扩展】，单击【可用】中的【加载自：】按钮，下方会加载出详细的扩展应用清单，然后在搜索框中输入“controlnet”并单击【安装】按钮，安装即可，如图 7-4 和图 7-5 所示。

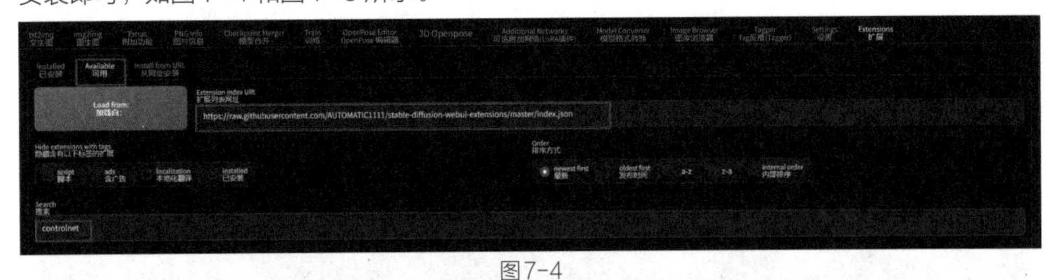

图7-4

图7-5

注意：虽然内置列表查询安装操作简便，但程序并不稳定，使用时可能会出现各种错误。

❷ 链接安装

扩展插件被开发出来后，一般会通过 GitHub、Gitee 这类的代码仓库，将插件公开发布在网上。单击【扩展】-【从网址安装】按钮，输入复制的代码仓库地址，如“https://jihulab.com/hanamizuki/sd-webui-controlnet”，再单击【安装】按钮，如图 7-6 所示。也可以将复制的链接在浏览器中打开后直接下载，如图 7-7 所示。

图7-6

图7-7

注意：通过以上方式安装后，都需要在【扩展】-【已安装】的标签中单击【应用并重启用户界面】按钮，才能在【文生图】界面中看到并正常使用 ControlNet 插件。

❸ 安装包直接安装

先将安装包文件放在【Stable Diffusion 根目录】下的【Extensions】文件中，重启 Stable Diffusion 界面，单击【扩展】-【已安装】-【应用并重启用户界面】按钮，如图 7-8 所示。

图 7-8

安装完成以后，就可以在【文生图】界面中找到 ControlNet 这个选项了，如图 7-9 所示。

图 7-9

当用户想同时进行多个 ControlNet 约束时，可以手动增加 ControlNet 任务栏。在 Stable Diffusion 主界面中的【设置】-【ControlNet】中找到【附加网络】，网络数量上限为 10，按需设置即可，如图 7-10 所示。

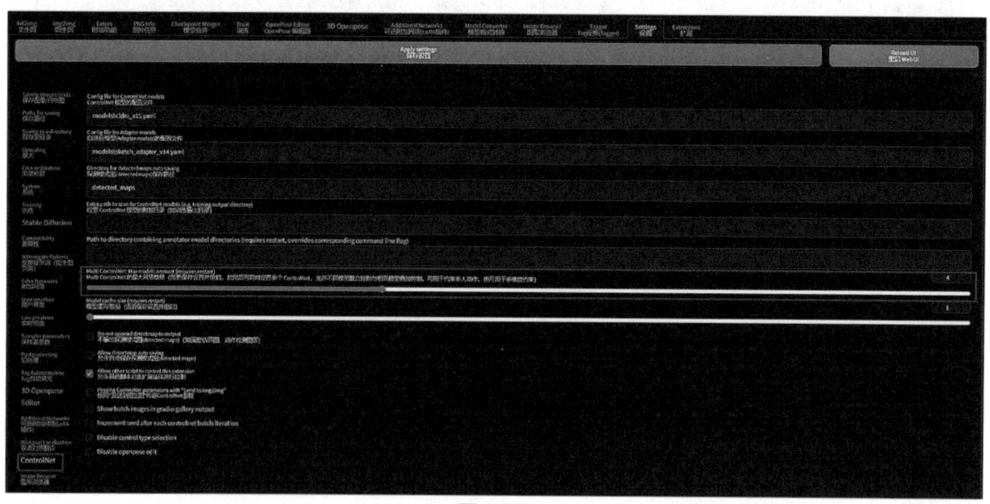

图 7-10

设置好以后，单击【保存设置】-【重启 WebUI】按钮。再回到【文生图】界面并找到 ControlNet，可以看到界面出现了多个 ControlNet 任务栏，如图 7-11 所示。

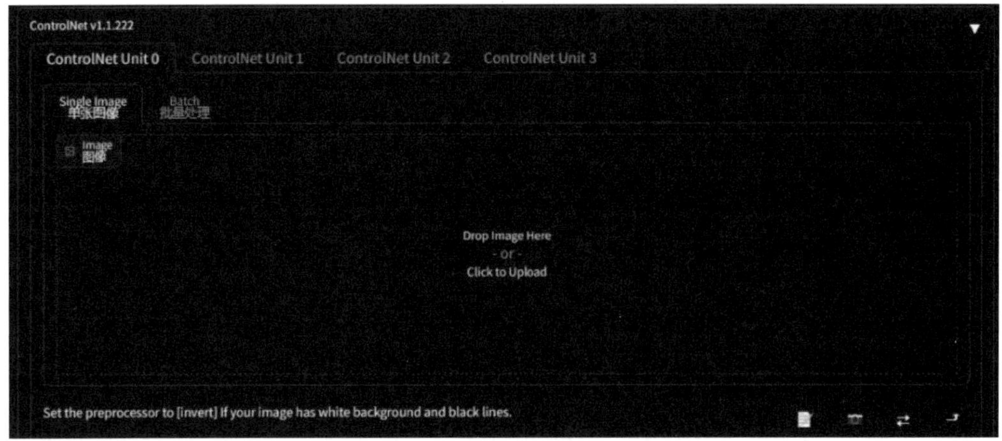

图 7-11

7.2.2 ControlNet 模型安装

插件安装完成后，为了实现对图像生成的控制和约束，还需要安装并配置 ControlNet 所需的各种模型。第一次下载 ControlNet 插件时，可能会发现模型列表是“无”，如图 7-12 所示。

图 7-12

ControlNet 的开发者为了方便用户，已将 ControlNet 相关的模型使用方法都发布到了网上，供大家自行学习和下载，如图 7-13 所示。访问开发者提供的网址后，用户会看到所有可用的模型，单击【下载】图标即可下载安装，如图 7-14 所示。

Download Models

Right now all the 14 models of ControlNet 1.1 are in the beta test.

Download the models from ControlNet 1.1: https://huggingface.co/lllyasviel/ControlNet-v1-1/tree/main

You need to download model files ending with ".pth" .

Put models in your "stable-diffusion-webui\extensions\sd-webui-controlnet\models". Now we have already included all "yaml" files. You only need to download "pth" files.

Do not right-click the filenames in HuggingFace website to download. Some users right-clicked those HuggingFace HTML websites and saved those HTML pages as PTH/YAML files. They are not downloading correct files. Instead, please click the small download arrow "↓" icon in HuggingFace to download.

Note: If you download models elsewhere, please make sure that yaml file names and model files names are same. Please manually rename all yaml files if you download from other sources. (Some models like "shuffle" needs the yaml file so that we know the outputs of ControlNet should pass a global average pooling before injecting to SD U-Nets.)

图 7-13

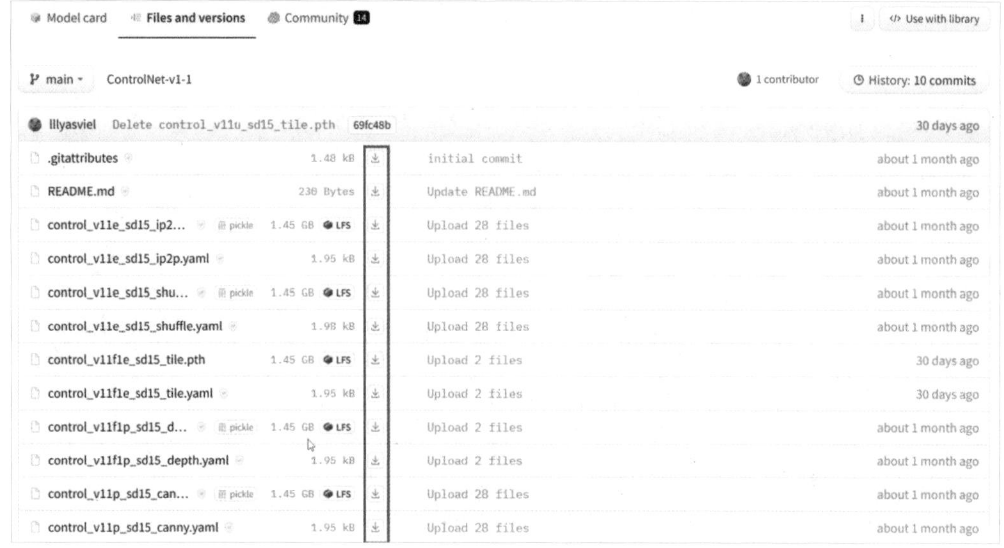

图 7-14

ControlNet 的模型文件分为两种类型，一种是以 pth 为后缀的，另一种是以 yaml 为后缀的。无论哪种模型文件，下载完成后，都需要放入 stable diffusion 根目录 - extensions 文件夹 - sd-webui-controlnet 文件夹 - models 文件夹中才会生效，如图 7-15 所示。

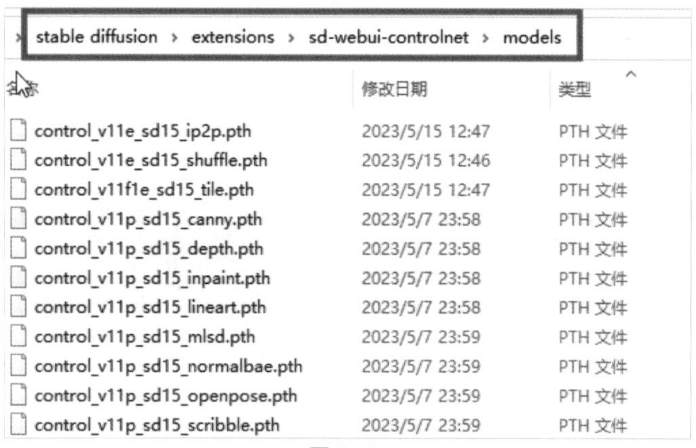

图 7-15

此外，还有一种更简单的方式，下载已整理好的 ControlNet 模型整合包，解压后将文件放在对应的文件夹内即可。

注意：通过以上两种方式下载模型并放入文件夹后，需要回到 ControlNet 界面，单击【刷新】图标刷新才能够正常使用，如图 7-16 所示。

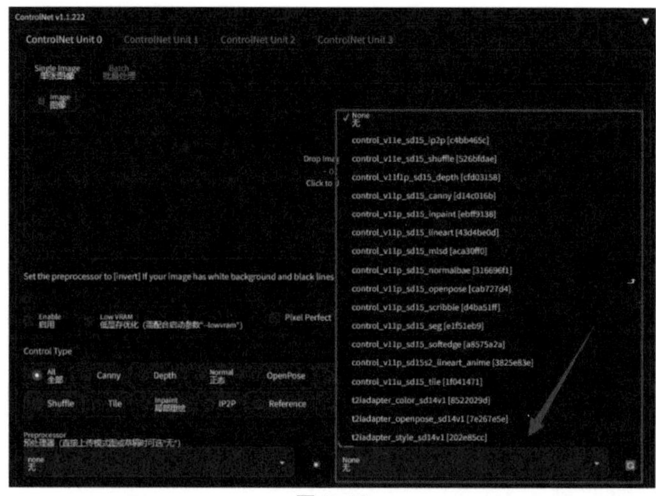

图 7-16

7.2.3 通用参数详解

在 Controlnet 的界面下方有各项参数，分布情况如图 7-17 所示。

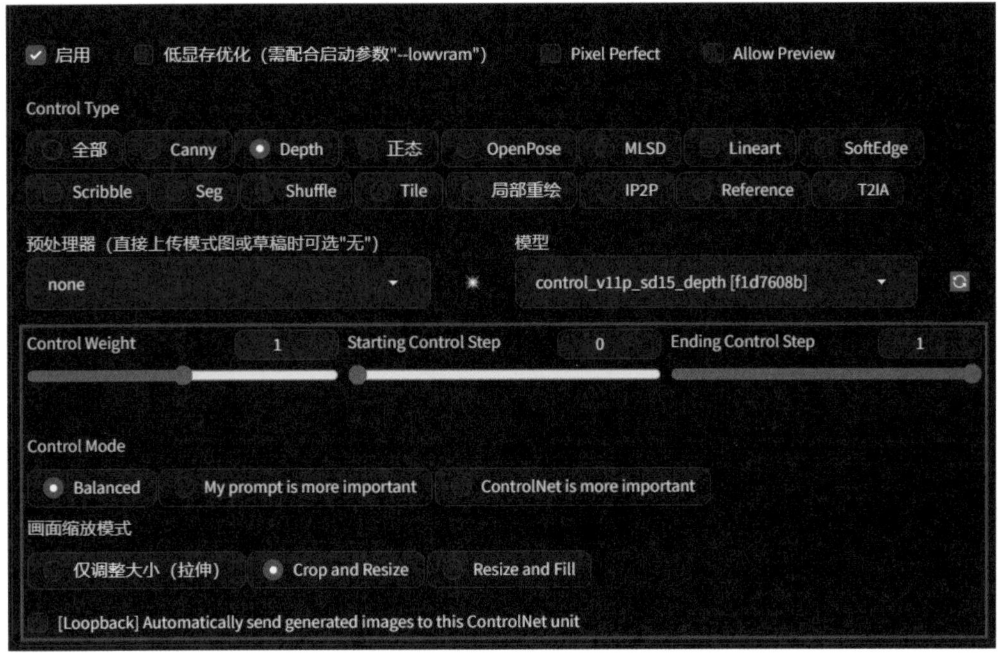

图 7-17

❶ 启用

相当于一个开关，想要 ControlNet 的各项功能生效，就一定要选中该复选框。

❷ 低显存优化

建议显卡内存小于 4GB 的用户选中该复选框，可以有效降低显存负担。

❸ 完美像素模式（Pixel Perfect）

它可以自动匹配最适合的图片像素比例，避免因尺寸不当影响图像效果。选中该复选框后，不用再手动输入【预处理器】的分辨率。

❹ 允许预览（Allow Preview）

选中该复选框后，会打开另一个小的预览器窗口，可以预览【预处理器】处理后的效果。

❺ 预处理器

每个 ControlNet 模型都有不同的功能，对应着一系列不同的参数，这些参数决定了【预处理器】如何从图片中提取信息并生成图像。初始状态下的【预处理器】参数适用于绝大多数场景，不必更改。

❻ 模型

为了确保生成图像的稳定效果，这里选择的模型必须与【预处理器】的模型保持一致。单击左边的【爆炸】图标，可以预览预处理的图片。

❼ 权重（Control Weight）

【权重】决定了控制效应在图像中呈现的强度。下面是不同权重参数下，ControlNet 预处理图像特征对图片的影响，如图 7-18 所示。

图 7-18

在图像生成过程中，我们通常会将【权重】参数设置在 0.7～1，以达到最佳效果。这个【权重】参数决定了 ControlNet 对图像生成的约束程度。当【权重】较低时，ControlNet 对图像生成的约束相对较弱，这意味着生成的图像会保留更多的自由度和变化空间。随着【权重】的逐渐降低，直至为 0 时，ControlNet 将不再对图像生成施加任何约束，图像将完全基于其他参数或随机性生成。

相反，当【权重】较高时，ControlNet 对图像生成的影响将更为显著。通常从 0.7 开始，图像中的人物姿势会基本遵循 ControlNet 的约束条件进行生成。然而，过高的【权重】也可能导致图像在生成过程中出现不自然的拉伸或扭曲，使得人体形态显得不协调。因此，在调整【权重】参数时，需要找到一个平衡点，既能确保 ControlNet 对图像生成的有效约束，又能避免画面出现不自然的变形。

❽ 引导介入时机（Starting Control Step）和引导推出时机（Ending Control Step）

如果【引导介入时机】和【引导推出时机】均被设置为 0，则 ControlNet 在整个图像生成过程中都不会起作用；若两者都被设置为 1，则意味着 ControlNet 将在整个过程中生效，对图像生成施加完整的控制。

如果调整【引导介入时机】使其值减小，而同时使【引导推出时机】的值增大，这将导致 ControlNet 在图像生成的初期阶段较晚介入，并在较早的阶段退出控制。这样的设置会减少 ControlNet 对图像生成的控制程度，从而给予图像更大的自由度。如图 7-19 所示，这种设置可以允许生成的图像在保留一定控制的基础上，拥有更多的变化和创新。

图 7-19

❾ 参数分辨率（Annotator Resolution）

可以调整分辨率，分辨率越低，图像越不清晰，效果也越差，如图 7-20 所示。

图7-20

⑩ 阈值（Threshold）

在图像处理的过程中，我们可以调整对线条或色块的提取敏感程度。具体来说，通过调整【阈值】参数，可以控制提取的精细度。【阈值】设置得越低，对线条或色块的提取就越细致，就能够保留更多的细节；而【阈值】设置得越高，则提取的线条或色块会越模糊，细节就会被淡化。如图 7-21 所示，通过调整【阈值】，我们可以根据需要平衡图像的清晰度和细节保留程度。

图 7-21

⑪ 画面缩放模式

这里的【画面缩放模式】和【图生图】中的【缩放模式】功能一致，可以在导入图片与生成图片尺寸不吻合的时候起作用，如图 7-22 所示。

图7-22

⑫ 画布宽度和画布高度

这里提到的“画布宽度”和“画布高度”并不是指最终生成图像的实际高宽比，而是指在使用 ControlNet 进行图像引导时，所使用的引导图像相对于原图的比例缩放大小。这样做是为了节省计算机资源，提高处理效率。通常，这些尺寸是原图按照一定比例等比例缩小的结果，如图 7-23 所示。

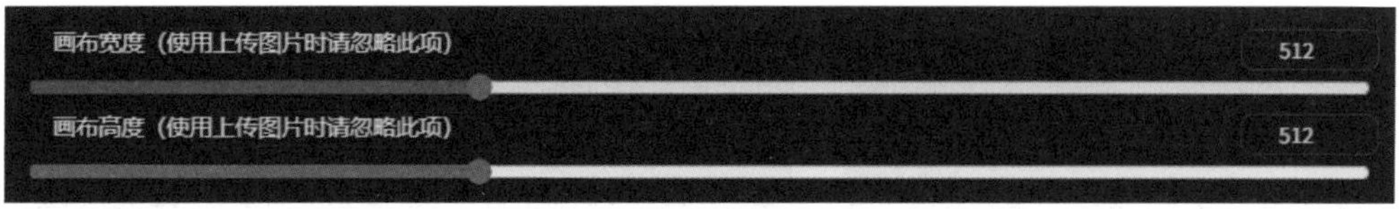

图7-23

7.3 ControlNet 功能分类

为了实现多样化的功能，ControlNet 将【预处理器】细化为若干控制类型，每种类型都承载着一种特定的功能。根据控制类型的发展及其内在逻辑，可以将这些类型分为【图片约束】【指令修改】【洗牌模式】【局部重绘】【分块重采样】【参考模式】六大功能。

其中，【图片约束】又分为【线条约束】【深度约束】【法线约束】【色彩分布约束】【姿势约束】【内容约束】等。接下来，我们将逐一解析这些功能的具体作用和应用。

7.3.1 线条约束

在 ControlNet 中，【线条约束】是一种附加的控制条件，在图像生成过程中指导线条的形状、布局、细节和结构，从而提高生成图像的可控性和精准度。

ControlNet 中关于【线条约束】的相关模型主要包括【Canny】(硬边缘)、【SoftEdge】(柔边缘)、【MLSD】(直线)、【Lineart】(线稿)、【Scribble】(涂鸦)。

❶ Canny（硬边缘）

【Canny】是一种来自图像处理领域的边缘检测算法，它致力于识别并提取图像中的边缘特征，这些边缘特征实际上就是图像元素的线稿。通过【Canny】处理后，再将这些特征输送到新图像中。

案例 提取人物外轮廓线稿并微调

（1）选取一张女生图片，如图 7-24 所示。将图片拖入 ControlNet 中，选中【启用】复选框，控制类型选中【Canny】。通常情况下，预处理器和模型会自动对应，如果没有对应，用户可以手动选择预处理器中的【Canny 边缘检测】和对应模型中的【control_v11p_sd15_canny[d14c016b]】。

（2）单击【爆炸】图标进行预览，预览中的线稿就是 ControlNet 从图片中提取出来的边缘信息，这些边缘信息锁定了整个人物的轮廓特征，如图 7-25 所示。

图7-24

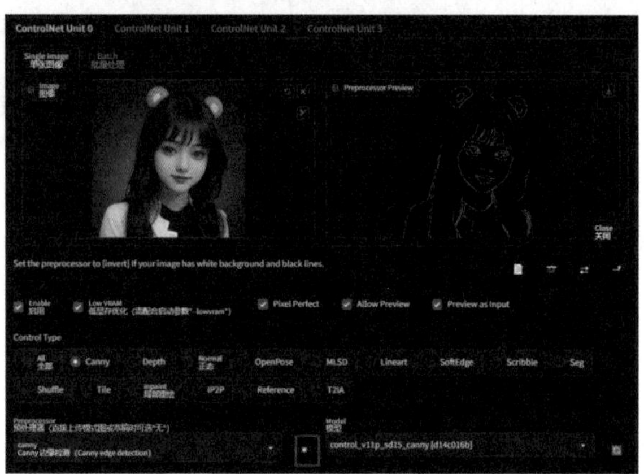

图7-25

（3）通过设置各项参数在原图的基础上微调五官，让女孩笑得更开心，如图 7-26 所示。

提示词： 1girl，open your mouth and smile。

采样迭代步数： 30。

采样方法： Euler a。

选中【高清修复】复选框。

放大算法： R-ESRGAN 4x+。

尺寸： 512×512。

重绘幅度： 0.7。

提示词相关性： 7。

（4）单击【生成】按钮，在 ControlNet 的控制下，尽管生成的图像只是在原图的基础上做了微调，却呈现出不同的效果，如图 7-27 所示。

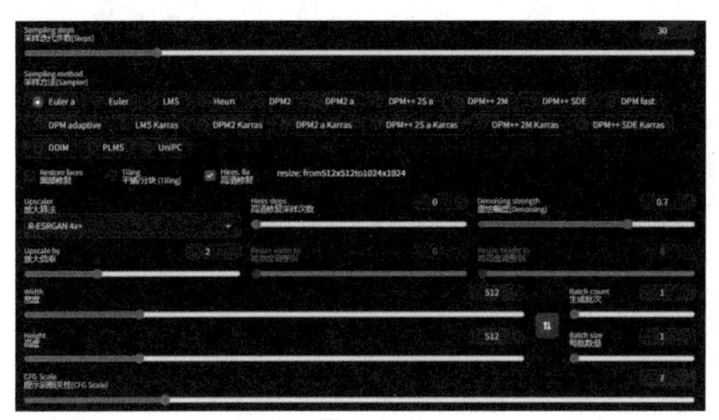

图7-26

图7-27

（5）还可以直接通过选择【大模型】为图片更换风格，如图 7-28 所示。然后，单击【生成】按钮，图像转变为二次元风格，如图 7-29 所示。

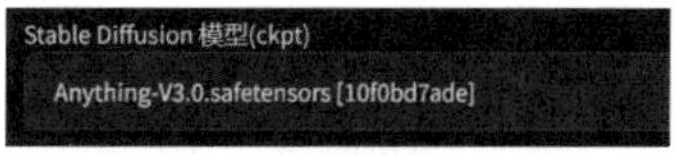

Stable Diffusion 模型(ckpt)

Anything-V3.0.safetensors [10f0bd7ade]

图7-28

无论是微调五官还是更换画风，新生图都是在 ControlNet 提取的边缘信息约束内进行的，所以出图效果仍保留了原图的主要特征。这种模型多用于制作个人表情包、个人专属头像。

图7-29

注意：在【预处理器】处，【Canny】模型有两种【预处理器】：一种是【Canny 边缘检测】；另一种是【invert】，如图 7-30 所示。

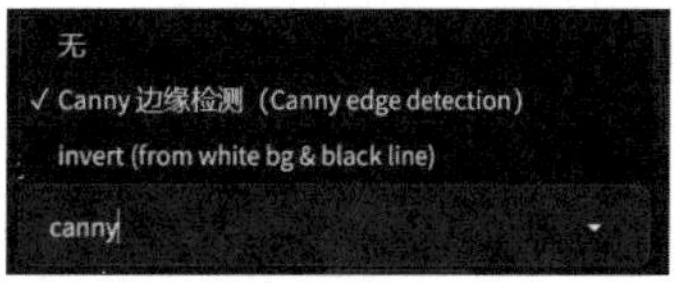

无

✓ Canny 边缘检测（Canny edge detection）

invert (from white bg & black line)

canny

图7-30

在案例中使用的是【Canny 边缘检测】，提取出来的线稿图是黑底白线，这也是计算机能识别的线稿格式；而日常使用的线稿图大多是白底黑线，若直接拖入 ControlNet 中，计算机无法识别。这时就要用到【invert】模式，将白底黑线的线稿**反转为**黑底白线，如图 7-31 所示。

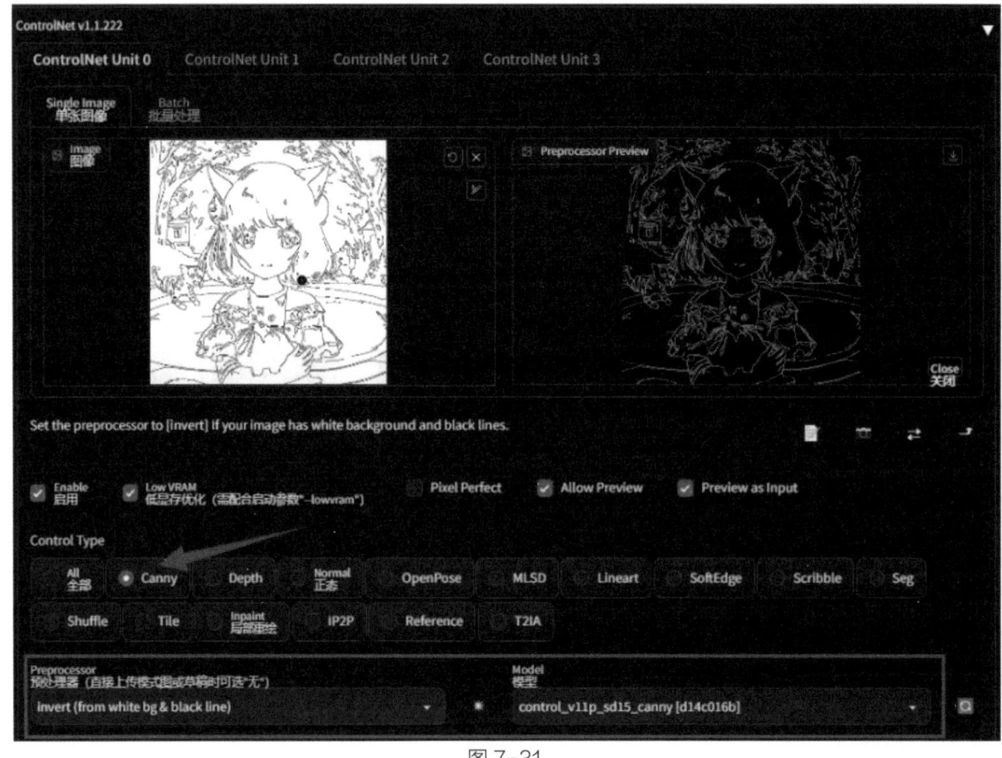

图 7-31

❷ SoftEdge（柔边缘）

【SoftEdge】模型和【Canny】模型的功能类似，都是描绘图像中的边缘特征，不同的是，前者的线条更柔和。

案例　刚柔对比的两种线稿模型

（1）分别使用【Canny】模型和【SoftEdge】模型对同一张图提取线稿，如图 7-32 和图 7-33 所示。通过对比发现，【Canny】模型更注重捕捉细节，【SoftEdge】模型只保留大轮廓且线条柔和。

图7-32　图7-33

（2）根据提取的线稿获取预处理渲染效果，如图7-34和图7-35所示。

可以看出，【Canny】模型更擅长处理细节，画面更精致；【SoftEdge】模型的整体出图效果更柔和生动，图像生成的自由度更高。

Canny 的预处理渲染效果	SoftEdge 的预处理渲染效果
图7-34	图7-35

【SoftEdge】模型有四种【预处理器】，分别是【softedge_hed】【softedge_hedsafe】【softedge_pidinet】【softedge_pidisafe】，如图7-36所示，它们的区别主要是算法不同。

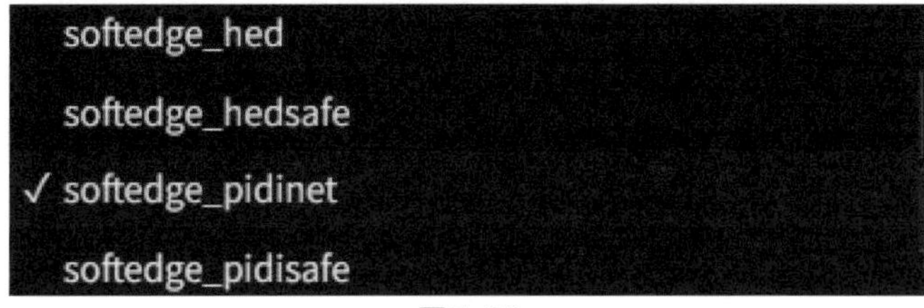

图7-36

这四种【预处理器】总体归为两类，即【softedge_hed】和【softedge_pidinet】。其中，【softedge_hedsafe】和【softedge_pidisafe】是这两者的精简版。随着模型技术的的不断更新，【softedge_hed】在线稿质量上超越了【softedge_pidinet】，是追求高精度线稿的优选。但要注意的是，精细度越高，对计算机的配置要求也越高。若注重追求创作的自由度，则精简版算法是理想之选。四种【预处理器】的线稿提取和图像生成效果如图7-37和图7-38所示。

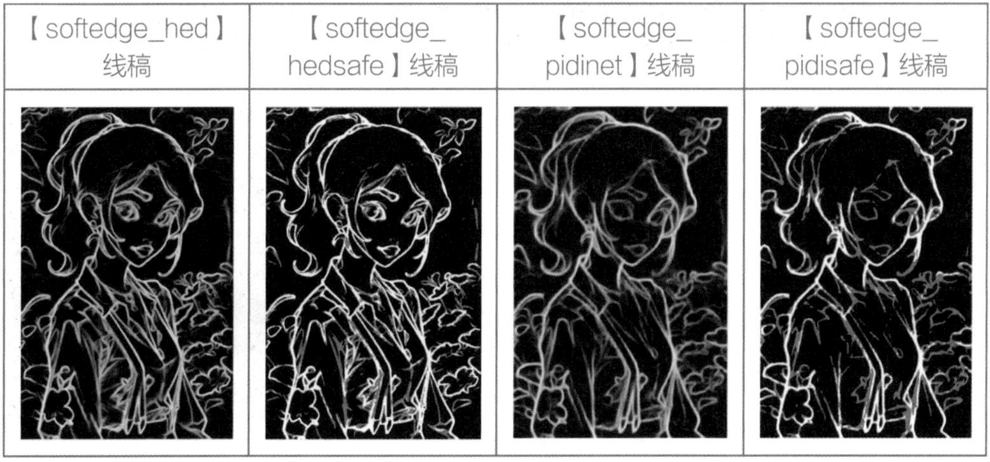

【softedge_hed】线稿	【softedge_hedsafe】线稿	【softedge_pidinet】线稿	【softedge_pidisafe】线稿

图7-37

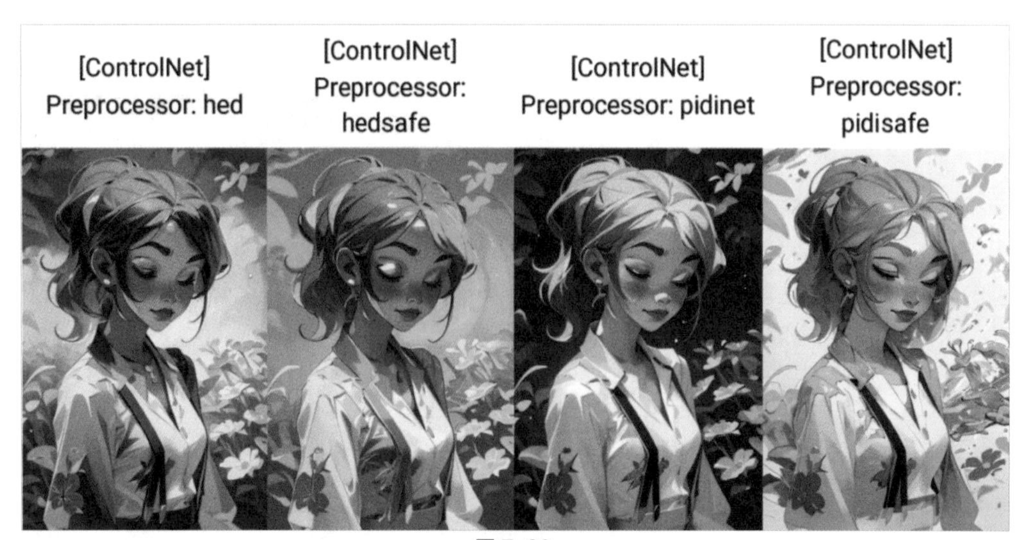

图 7-38

显然，高精度算法在细节处理上更丰富，它能够深入捕捉并强化线稿的每一个细微之处；精简版算法则在图像的控制上更加宽松，在色彩、背景、构图等内容上有更多意料之外的发挥，画面更加自由。

❸ Lineart（线稿）

【Lineart】模型主要应用于线稿生成和线稿上色，它在提取边缘轮廓方面表现十分出色，操作界面如图 7-39 所示。【Lineart】模型相当于结合了前两个模型的优势，能够同时捕捉细节和边缘信息，达到更高的提取精度。

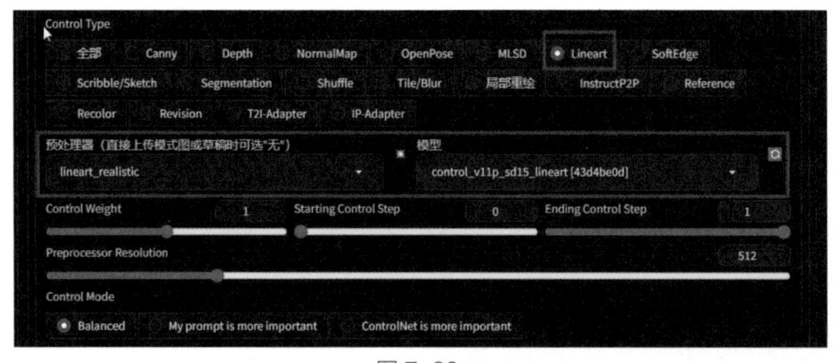

图 7-39

【Lineart】模型包含五种【预处理器】，分别是【lineart_anime】（动漫线稿提取）、【lineart_anime_denoise】（动漫线稿提取—去噪）、【lineart_coarse】（粗略线稿提取）、【lineart_realistic】—（写实线稿提取）、【lineart_standard】（标准线稿提取—白底黑线反色），如图 7-40 所示。

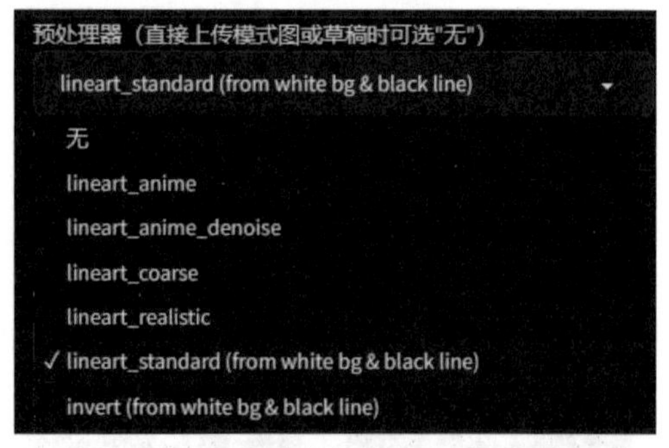

图 7-40

这五种预处理器各有优势，可以应用在不同场景中，它们的线稿提取和图像生成效果如图 7-41 和图 7-42 所示。

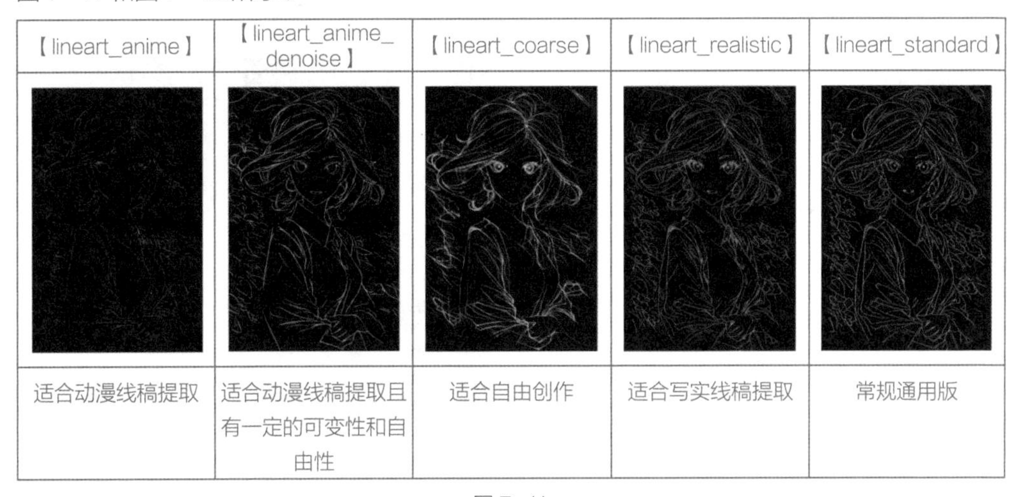

【lineart_anime】	【lineart_anime_denoise】	【lineart_coarse】	【lineart_realistic】	【lineart_standard】
适合动漫线稿提取	适合动漫线稿提取且有一定的可变性和自由性	适合自由创作	适合写实线稿提取	常规通用版

图 7-41

图 7-42

❹ Scribble（涂鸦）

【Scribble】模型的主要特点是临摹，呈现效果比【SoftEdge】模型更加自由、奔放。

案例1 涂鸦风格线稿提取

（1）选取一张小狗的图片，把它拖入 ControlNet 中，在控制类型中选择【Scribble】，同时，【预处理器】和【模型】会自动对应，然后，单击【爆炸】图标进行预览，如图 7-43 所示。【Scribble】模型提取的线稿，线条更粗，内容更简略，就像是即兴的涂鸦。

图 7-43

（2）通过调整其他参数，测试此线稿的出图效果，如图 7-44 所示。

大模型：toonyou_beta5Unstable.safetensors。

关键词：(masterpiece, best quality), 1dog,blue eyes, splashing。

采样迭代步数：30。

采样方法：DPM++ 2S Karras。

尺寸：512×512。

重绘幅度：0.7。

图 7-44

Stable Diffusion 在利用【Scribble】模型提取的边缘信息进行填充时，画面的整体色彩及布局都有很多变化，在约束线条的同时，还会带来更多意想不到的效果。

【Scribble】模型包含四种【预处理器】，分别是【scribble_hed】（涂鸦—合成）、【scribble_pidinet】（涂鸦—手绘）、【scribble_xdog】（涂鸦—强化边缘）和【invert】（线条反转），如图 7-45 所示。

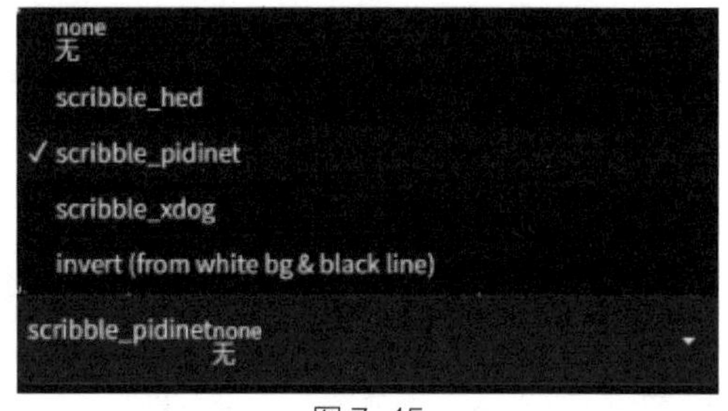

图 7-45

此处的【invert】（线条反转）预处理器作用与【Canny】模型中的【invert】作用一致。将前三种【预处理器】的线稿提取和出图效果进行对比，如图 7-46 和图 7-47 所示。

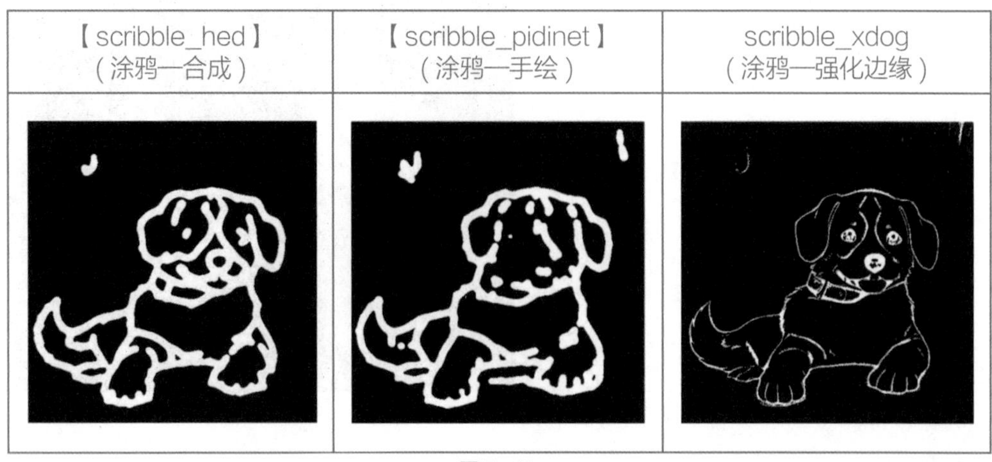

图 7-46

图 7-47

【scribble_hed】与【scribble_pidinet】提取的边缘信息都带有粗线条涂鸦的风格特点。然而，【scribble_hed】提取的边缘信息更为完整，能够清晰地呈现主体的特征；【scribble_pidinet】则呈现出更随性的涂鸦效果，但两者在最终的图像输出效果上差异并不显著。

相比之下，【scribble_xdog】在提取线条方面表现得更为精细，与【Canny】边缘检测算法类似。然而，在实际应用中，【scribble_xdog】的出图效果往往不如【Canny】那样出色，因此它并不常用。

案例2 为图片补充提示词

【Scribble】最大的特点就是自由，而【提示词】的内容又拓展了图像在【线条约束】下的发挥空间。因此，【提示词】越丰富，生成图的效果就越准确、有创意，如图 7-48 所示。

图 7-48

大模型：revAnimated_v11.safetensors [d725be5d18]。

提示词：(sfw:1.2), masterpiece, best quality, starship, spaceship, carrier, sci-fi, cyberqunk, the future, space

反向提示词：((nsfw)), sketches, nude

(worst quality:2),(low quality:2),(normal quality:2),lowers, normal quality,

((monochrome)),((greyscale)),

facing away, looking away,

text, error, extra digit, fewer digits, cropped, jpeg artifacts, signature, watermark, username, blurry,

skin spots, acnes, skin blemishes, bad anatomy, fat, bad feet, cropped, poorly drawn hands, poorly drawn face, mutation, deformed, tilted head, bad anatomy, bad hands, extra limbs, extra legs, malformed limbs, fused fingers, too many fingers, long neck, cross-eyed, mutated hands, bad body, bad proportions, text, error, missing fingers, missing arms, missing legs, extra arms, extra foot, missing finger.

采样迭代步数： 30。

采样方法： DPM++ 2M Karras。

尺寸： 1024×1024。

重绘幅度： 0.7。

提示词相关性： 7。

案例3 随手一画快速成图

（1）【Scribble】模型还提供了一种独特的打开模式，这对于喜欢自由创作的“灵魂画手”来说非常适用。用户可以先在其他绘图软件中随意涂鸦一幅线稿，然后将这幅线稿导入 ControlNet 中，并选择【Scribble】模型的第四种预处理器【invert】（线条反转）。这样，用户就可以看到线稿的反转效果，如图 7-49 所示。

（2）通过调整其他参数，生成的效果图如图 7-50 所示。

大模型： majicmixRealistic_v7.safetensors。

关键词： 1girl, Beautiful scenery。

采样迭代步数： 30。

采样方法： DPM++ 2M Karras。

尺寸： 716×1079。

重绘幅度： 0.7。

提示词相关性： 7。

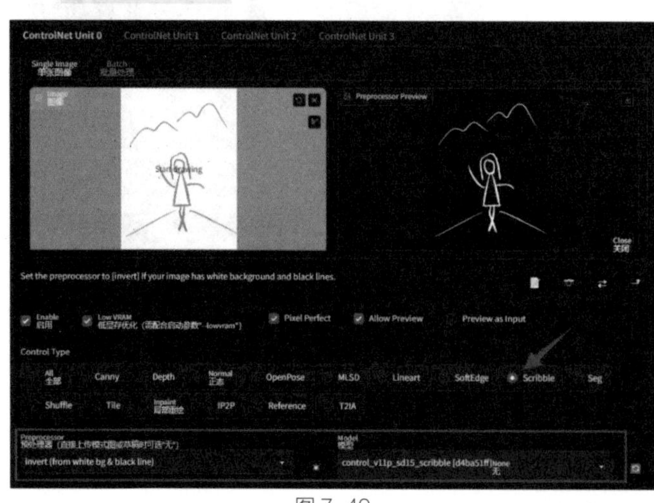

图 7-49

图 7-50

❺MLSD（直线）

【MLSD】线条检测算法在建筑领域有着广泛的应用，它能够在插入建筑图片时，精准地识别并呈现建筑物的结构线条。然而，【MLSD】线条检测算法主要专注于直线的检测，因此在面对曲线时可能无法有效识别或捕捉。此外，如果图片中包含人物、动物等非建筑结构元素，那么这些元素可能会被【MLSD】线条检测算法所忽略。

案例 提取建筑效果图的结构线稿

（1）准备一张建筑图，拖入 ControlNet 中，选中【MLSD】单选按钮进行测试，如图 7-51 所示。

图 7-51

（2）将线稿放大观察，可以看到【MLSD】检测到了用直线线条概括的建筑边缘信息，而建筑旁边的植物等曲线边缘信息，则无法被识别，如图 7-52 所示。

（3）若要生成效果图，可以通过添加【提示词】来补充建筑周边的植物，如图 7-53 所示。

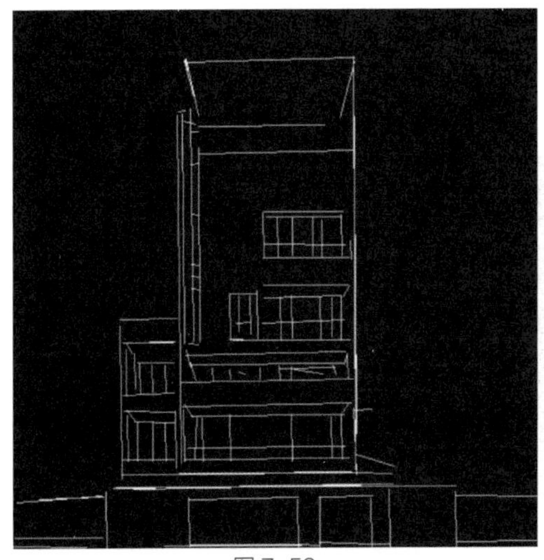

图 7-52

图 7-53

7.3.2 深度约束

【Depth】即【深度约束】，主要用于解决物体的前后关系问题。通过应用【深度约束】，Controlnet 可以利用图像中的透视关系来推断出物体的【深度特征】，从而有效地确定前景和背景之间的层次关系以及物体之间的相对位置。

案例 按规定的物体前后关系生成新图片

（1）准备一张有前后关系的场景图片，如图 7-54 所示。

（2）将图片拖入 ControlNet 中，选中【Depth】进行预处理，通过黑白灰的比例，画面的前后关系一目了然，如图 7-55 所示。

图 7-54

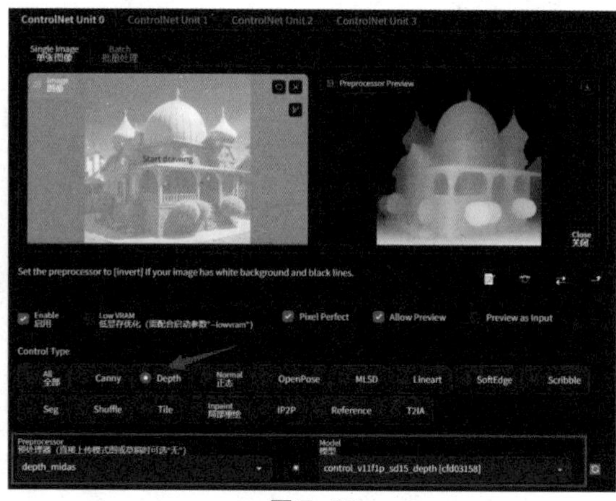

图 7-55

（3）通过调整各项参数，测试出图效果，如图 7-56 所示。在【Depth】的作用下，物体的前后关系被约束了，图片的还原度也很高。

【Depth】有四种【预处理器】，分别是【LeReS 深度信息估算】【depth_leres++】【depth_midas】【depth_zoe】，如图 7-57 所示。

图 7-56

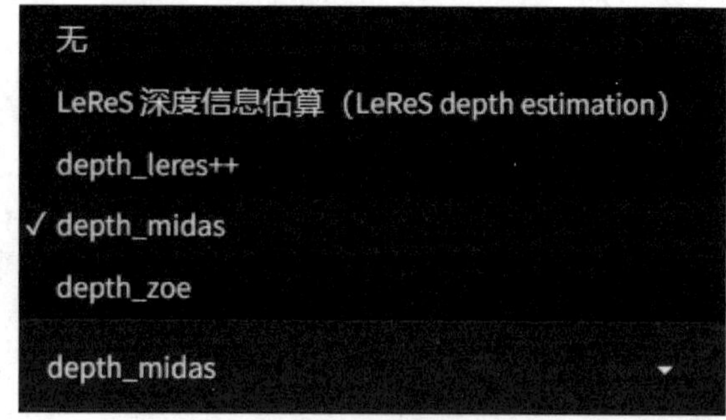

图 7-57

四者对深度信息、物品边缘的信息的提取程度有差异，不同【预处理器】的预处理效果也不同，如图 7-58 所示。

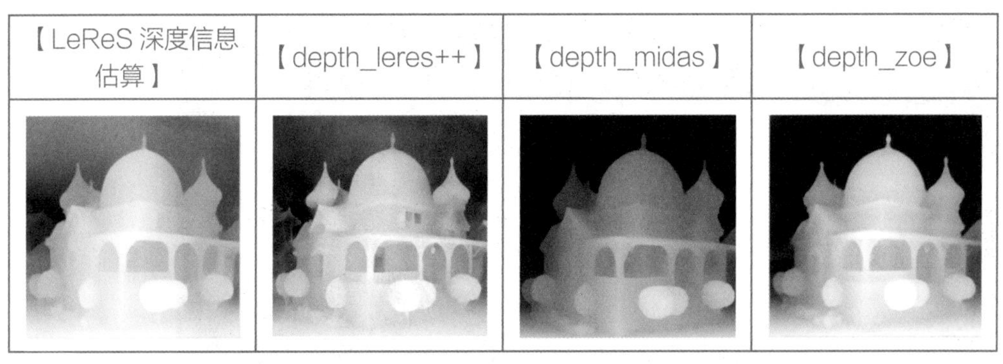

图 7-58

【LeReS 深度信息估算】的效果相对较常规；而【depth_leres++】在细节处理上更出色，特别是在处理人物与场景的前后关系时，它能够精细地区分面部和衣服的前后层次。该算法也常用于确定人物特征之间的前后关系。相比之下，【depth_midas】在明暗对比度上表现更高，而【depth_zoe】则在主体与背景的对比度上更为突出。这两种算法同样能够检测人物的前后关系，但在细节处理上相较于【depth_leres++】会显得更简略一些。在相同的条件下，不同预处理器的出图效果对比，如图 7-59 所示。

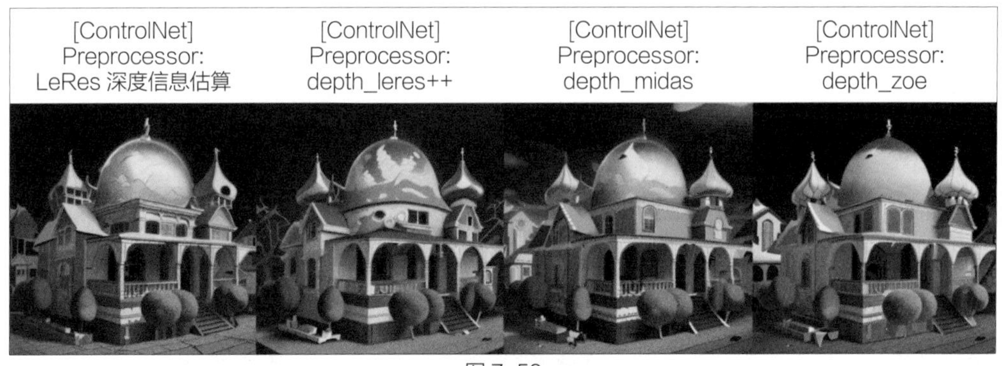

图 7-59

【深度约束】的作用是对元素的前后关系进行规定，而不是对图像轮廓进行规定。因此，【深度约束】不像【线条约束】那样多变，出图效果前后变化不大。

7.3.3 法线约束

在 3D 游戏模型的制作中，法线是一个重要的元素，它反映了物体表面的凹凸和朝向信息。而【法线约束】则是一种用于提取物体轮廓特征和表面的凹凸信息的方法。然而，在 Stable Diffusion 这类图像生成技术中，直接使用法线信息来生成图像往往难以达到理想的效果。因此，使用者通常会先对图像进行预处理，提取线稿信息，然后再结合法线信息来发挥其在图像生成中的作用，以提升图像的细节和真实性。

案例 3D 风格建筑墙面效果图

（1）将一张墙面图拖入 ControlNet 中，如图 7-60 所示。

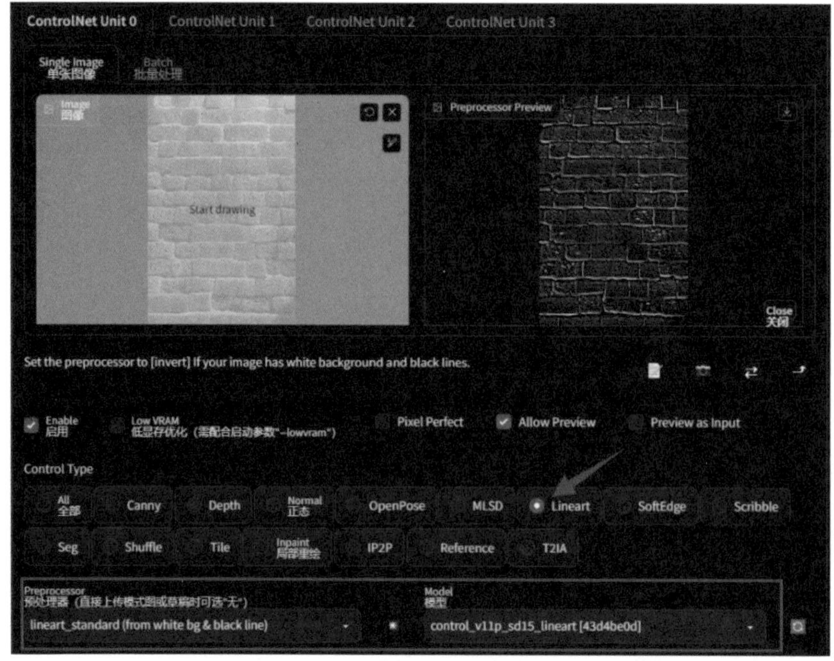

图 7-60

（2）先用【Lineart】提取墙面线稿，再开一个新窗口进行法线提取，如图 7-61 所示。

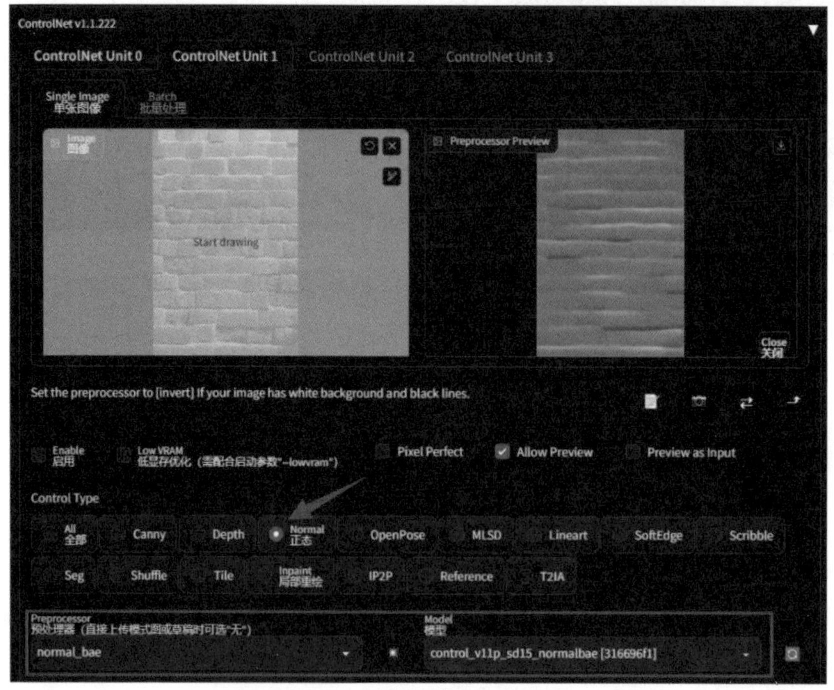

图 7-61

在预处理预览中，可以看到凸出部分与凹陷部分有明显的区分。单击【生成】按钮，原图与生成图的对比如图 7-62 和图 7-63 所示，【法线约束】对有凹凸感的图像进行了高度还原。

原图	【法线约束】生成图
图 7-62	图 7-63

【法线约束】有两种【预处理器】，分别是【normal_bae】和【normal_midas】，如图 7-64 所示。前者可以与 3D 渲染引擎通用，后者目前已被废弃。

图 7-64

7.3.4 色彩分布约束

【色彩分布约束】就是控制类型中的【T2IA】算法，是通过读取原图中物体颜色的色块分布情况，来获取色彩特征信息。【T2IA】的【预处理器】包括【t2ia_color_grid】(自适应色彩像素化处理)、【t2ia_sketch_pidi】(自适应手绘边缘处理)和【t2ia_style_clipvision】(自适应风格迁移处理)三种。

案例 生成同色不同款的汽车

将图片拖入 ControlNet 并选中【T2IA】，系统会自动选择【t2ia_color_grid】预处理器，这也是三种预处理器中最好用的一个，如图 7-65 所示。

通过预览可以看到，色彩分布就像打满了马赛克一样，图片的色彩特征已经被提取出来。在 ControlNet 中选中【启用】，出图效果如图 7-66 所示。

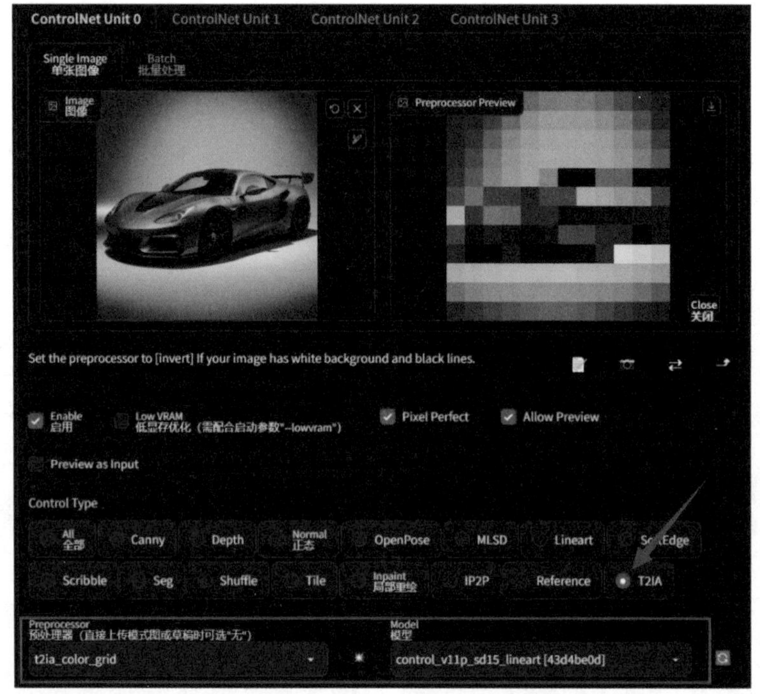

图 7-65

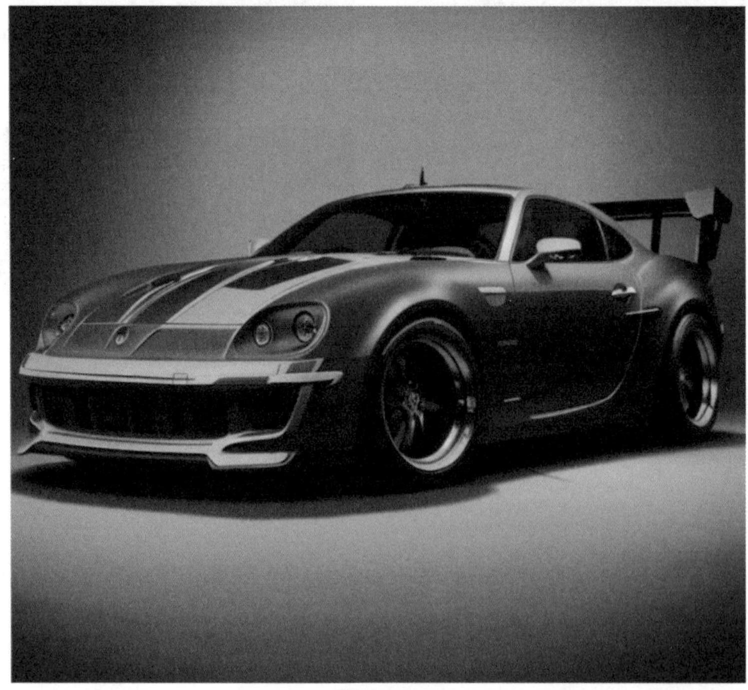

图 7-66

在 ControlNet 的约束下，物体的色彩分布通常能够得到较为准确的还原。然而，【t2ia_color_grid】专注于色彩部分的检测，物体的外形会随着【提示词】以及其他相关参数的设置发生变化。

【t2ia_sketch_pidi】预处理器主要用于提取线稿信息，如图 7-67 所示。因为这种方法与【色彩分布约束】在功能上并没有直接关联，且其线稿效果相较于【线条约束】来说略显不足，所以在实际应用中较少被使用。

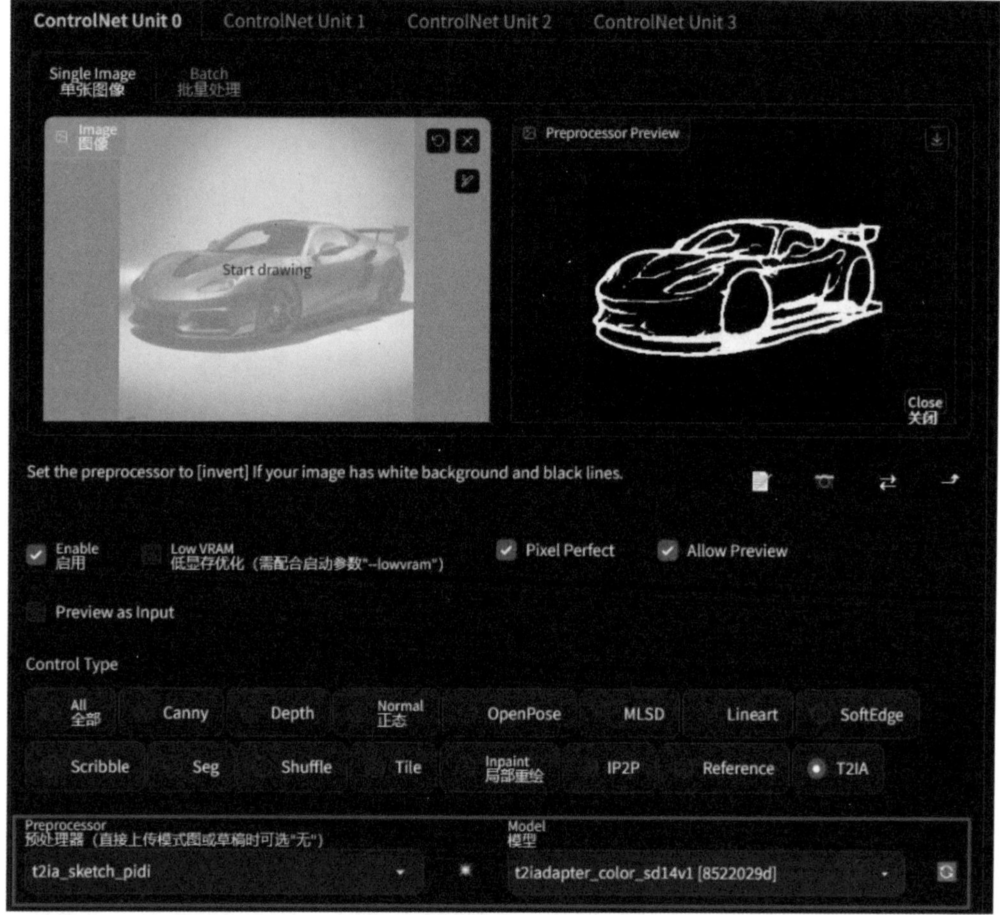

图 7-67

【t2ia_style_clipvision】预处理器旨在把某一个图片的风格迁移到生成图上。然而，由于“风格”过于抽象，无法量化，因此效果并不好。

7.3.5 姿势约束

ControlNet 利用【OpenPose】技术来准确检测人体关键点，如头部、肩部、手部等的位置，它可以忽略服装、发型和背景等次要细节，从而有效地复制人体姿势，实现批量化生成。

【OpenPose】的【预处理器】包括五种，分别是【OpenPose】(姿态检测)、【openpose_

face】(姿态及脸部检测)、【openpose_faceonly】(仅脸部检测)、【openpose_full】(姿态、手部及脸部检测)、【openpose_hand】(姿态及手部检测)。

❶ OpenPose（姿态检测）

【OpenPose】是一种姿态检测算法，通过从图像中提取人体关键位置来形成一幅骨架图，如图 7-68 所示。

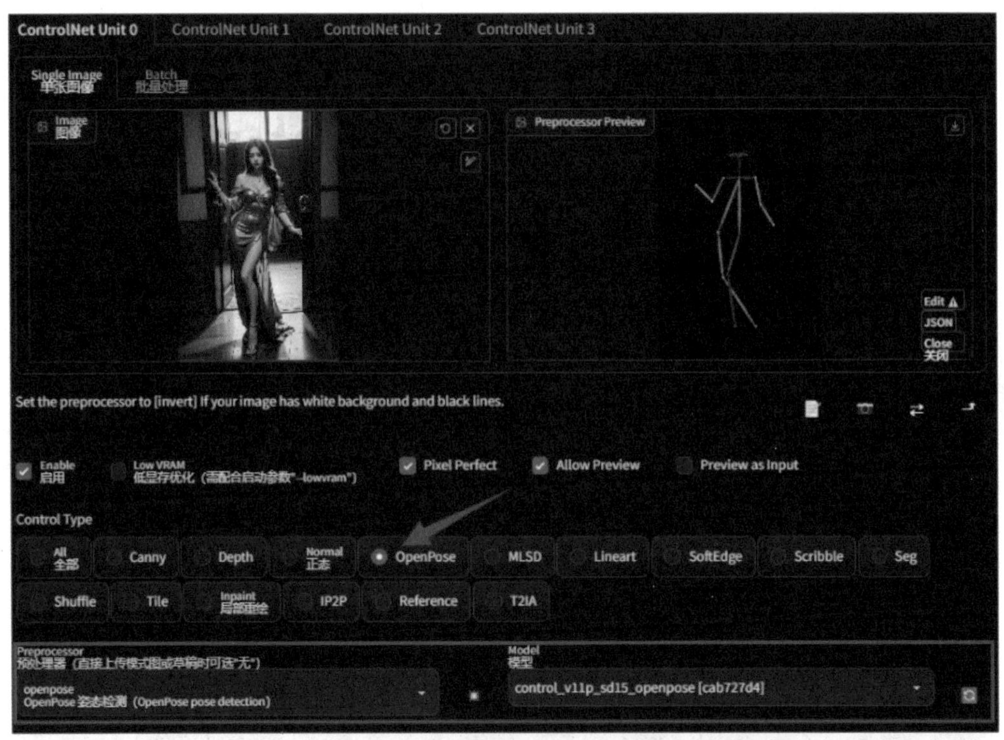

图 7-68

提取出的骨架图分别用了不同颜色、不同长度的线条以及不同位置的关键点来确定人物整体姿态，但是缺失了面部特征和手部特征，这也是【OpenPose】（姿态检测）的局限性之一。

因此，使用【OpenPose】（姿态检测）生成图片，有时候手部及面部的出图效果是不可控的，只能通过【提示词】、模型插件及其他参数的设置来调控，如图 7-69 和图 7-70 所示。

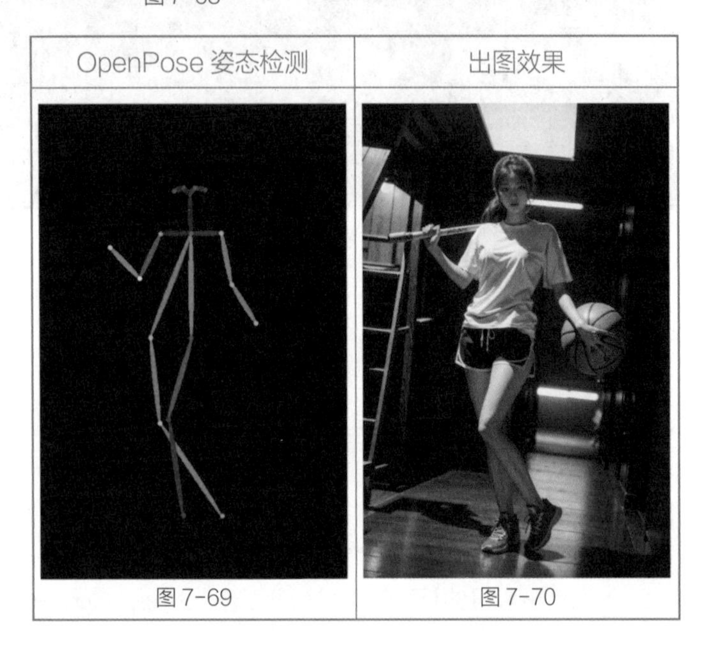

图 7-69　图 7-70

❷ openpose_face（姿态及脸部检测）

【openpose_face】增加了【OpenPose】缺失的人物面部信息检测，如图 7-71 所示。

将右边的图放大来看，手部的结构仍是缺失的，如图 7-72 所示。同样只能通过【提示词】、模型插件及其他参数的设置来调控出图效果。

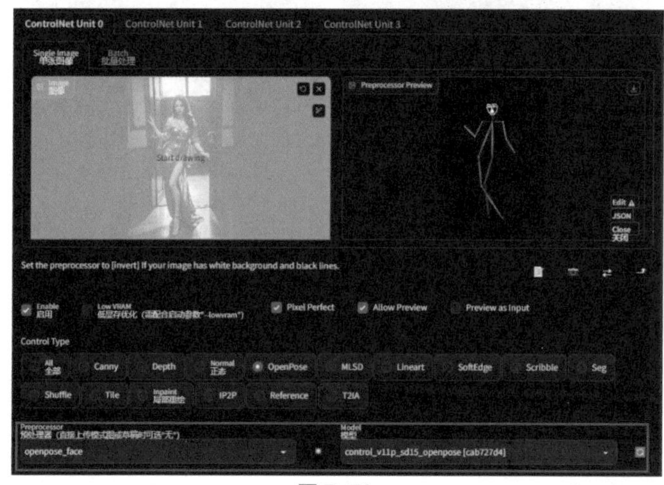

图 7-71

图 7-72

❸ openpose_faceonly（仅脸部检测）

【openpose_faceonly】有着更精准的目标，可以定位面部的方向、五官的位置和具体的脸型，如图 7-73 所示。

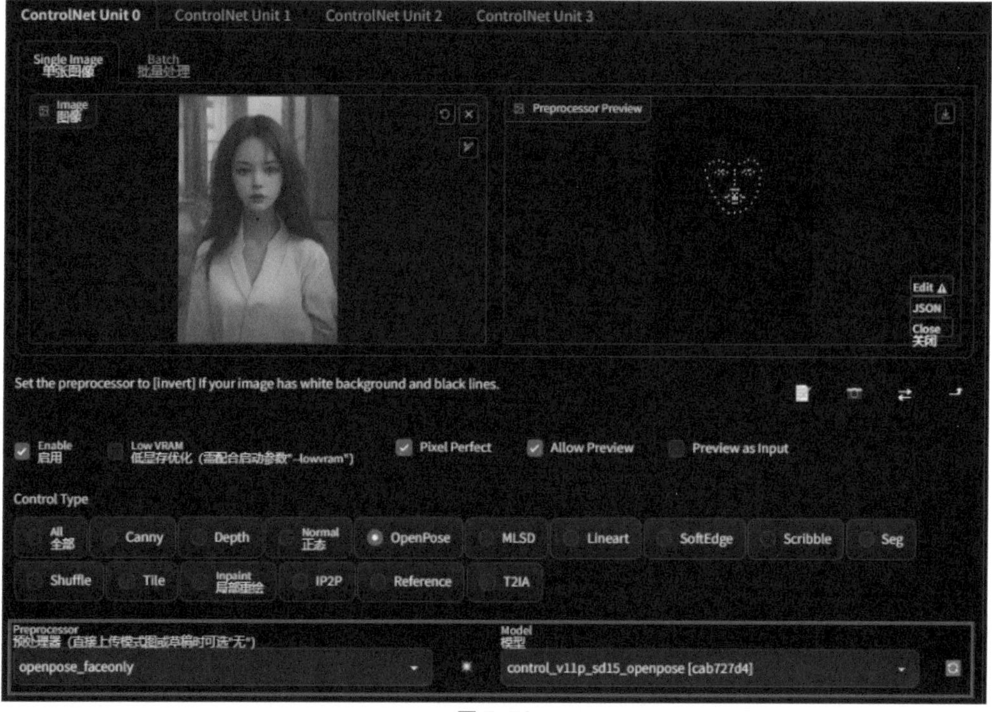

图 7-73

通过检测并约束面部特征，再输入“Open your mouth，laugh wildly”等相关【提示词】，即可生成与原脸相似的人像图，如图7-74和图7-75所示。从图中可以看出，人物的脸部特征基本得以还原，而面部以外的其他地方都产生了变化。

openpose_faceonly（仅脸部检测）	出图效果
图 7-74	图 7-75

❹ openpose_full（姿态、手部及脸部检测）

【openpose_full】能够检测出的内容更多、更全面，包括姿态、手部和脸部等特征，如图7-76和图7-77所示。该预处理器把人体最重要的几大特征都检测并提取了出来，极大地还原了图片中的人物姿势，它的使用频率最高。

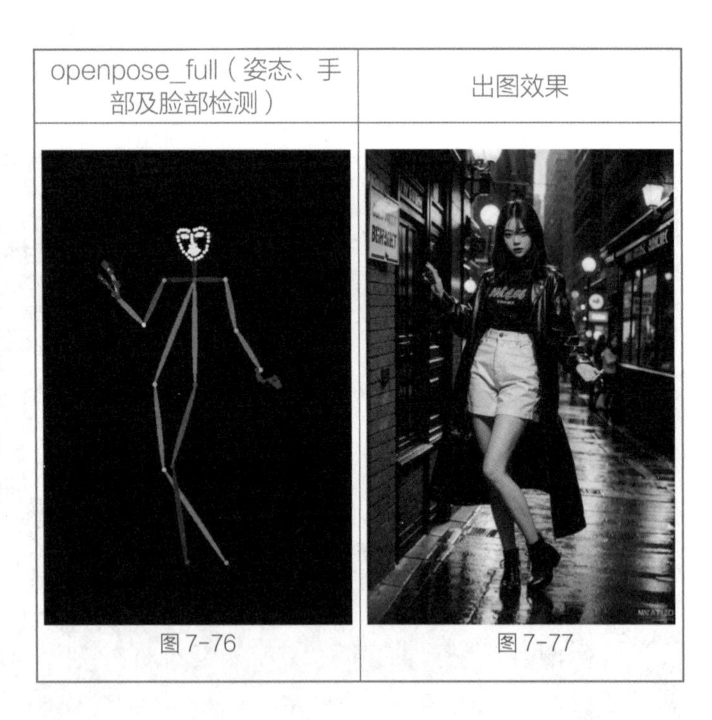

openpose_full（姿态、手部及脸部检测）	出图效果
图 7-76	图 7-77

❺ openpose_hand（姿态及手部检测）

【openpose_hand】是一个用于检测姿态和手部的算法，如图7-78所示。

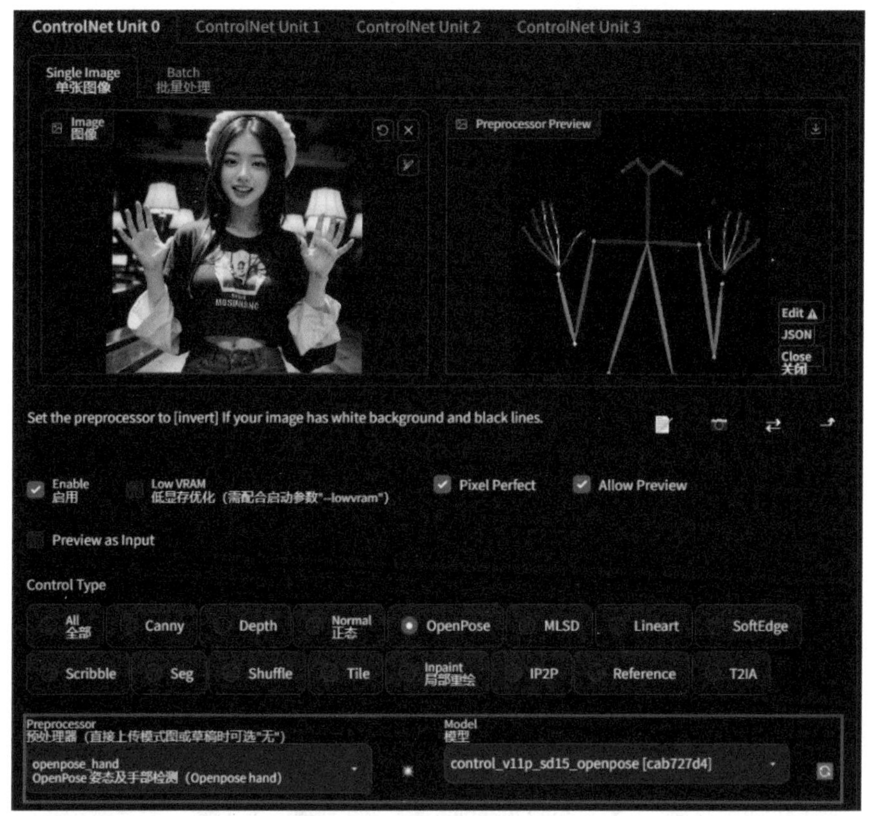

图 7-78

利用【openpose_hand】的精准控制，Stable Diffusion 可以生成在动作和神态上几乎完全一致的人物形象，如图 7-79 和图 7-80 所示。

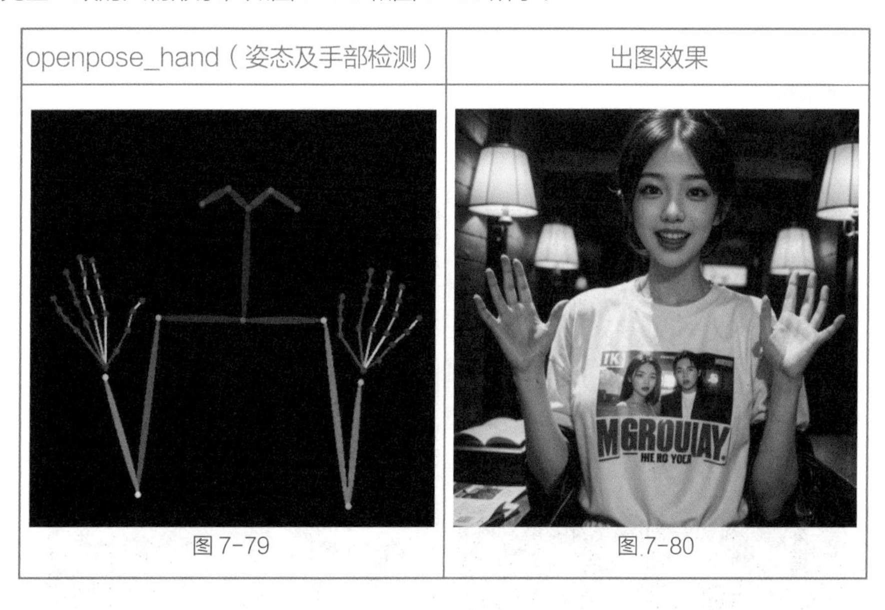

图 7-79

图 7-80

❻ 直接上传姿势图

除了从图片中提取姿势信息，用户还可以直接上传姿势图，如图 7-81 所示。

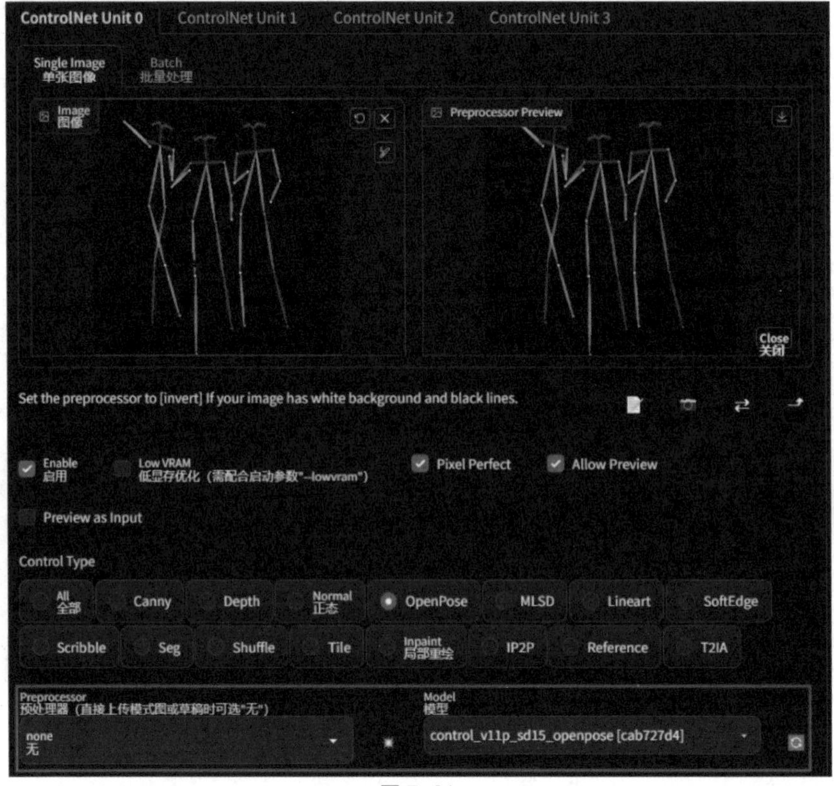

图 7-81

注意：预处理器要选择【none】选项，否则无法正常出图，生成效果如图 7-82 和图 7-83 所示。

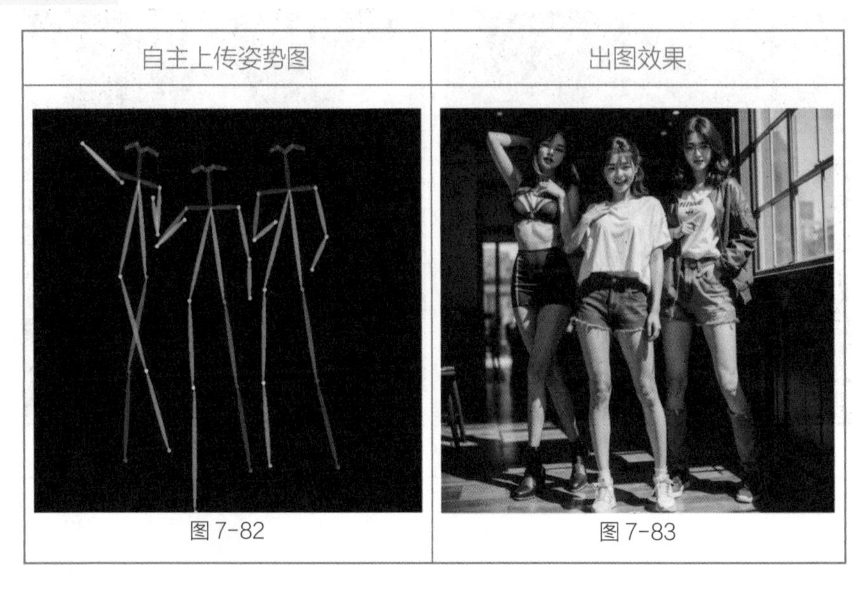

图 7-82

图 7-83

用户可以通过 C 站等模型网站筛选下载姿势图，也可以下载【OpenPose】的姿势整合包。

❼ 自主生成姿势

如果上传提供的姿势图无法满足用户的需求，还可以使用【自主生成姿势】功能来定制所需的姿态。在使用前，需要先下载并安装【OpenPose 编辑器】和【3D Openpose Editor】这两款插件，如图 7-84 所示。

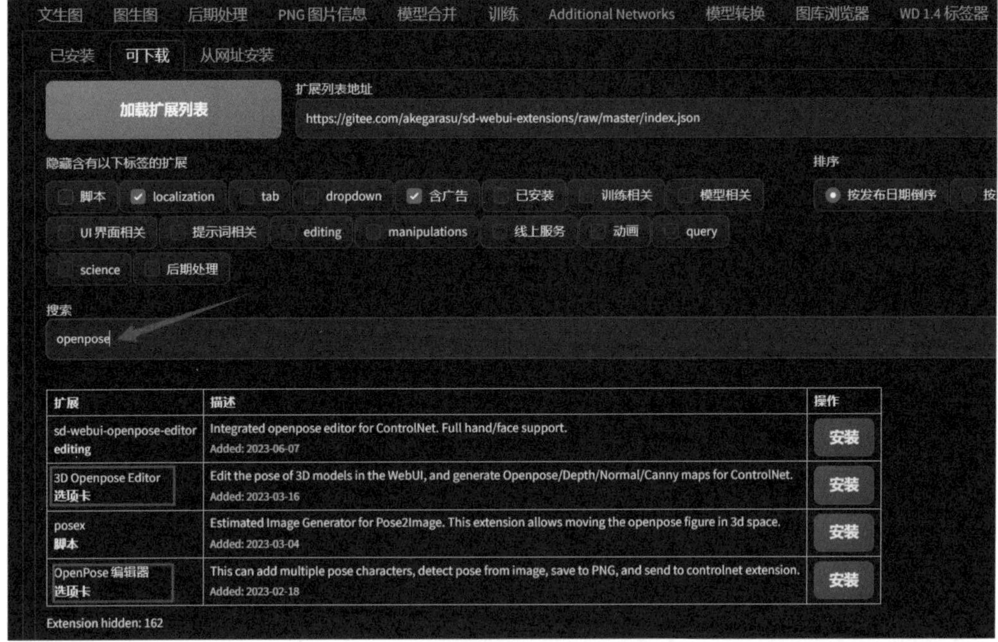

图 7-84

（1）OpenPose 编辑器。

【OpenPose 编辑器】界面如图 7-85 所示，具体参数解析如下。

①宽度和高度：它们决定了特征图的分辨率。

②添加：可以通过添加额外的骨架在画面中增加更多的人物。

③从图像中提取：该功能可以对提取的特征图进行微调。

④添加背景图片：可以使用背景图片作为姿势的参照，在该背景图的基础上对骨架进行精细调整。这一功能不仅可以帮助用户模仿某个图像中的有趣姿势，还可以对特征图进行还原操作。

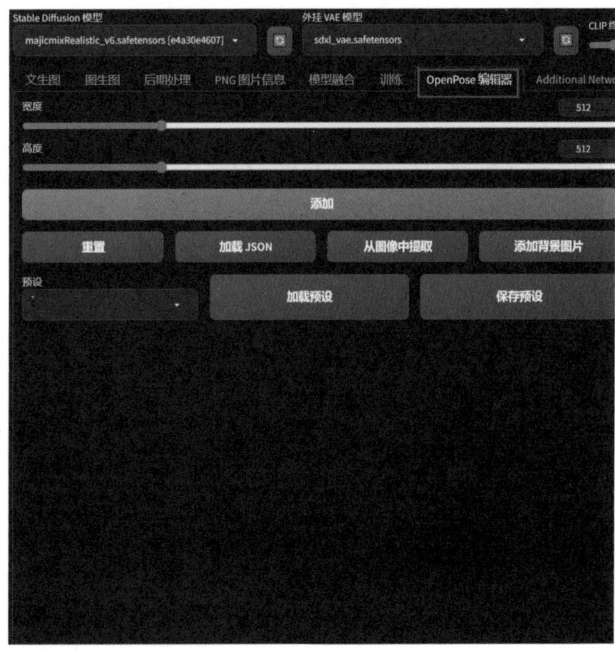

图 7-85

（2）3D Openpose Editor。

【3D Openpose Editor】的界面如图 7-86 所示，可以自由旋转骨架并对其进行编辑，其操作难度比【OpenPose】低。

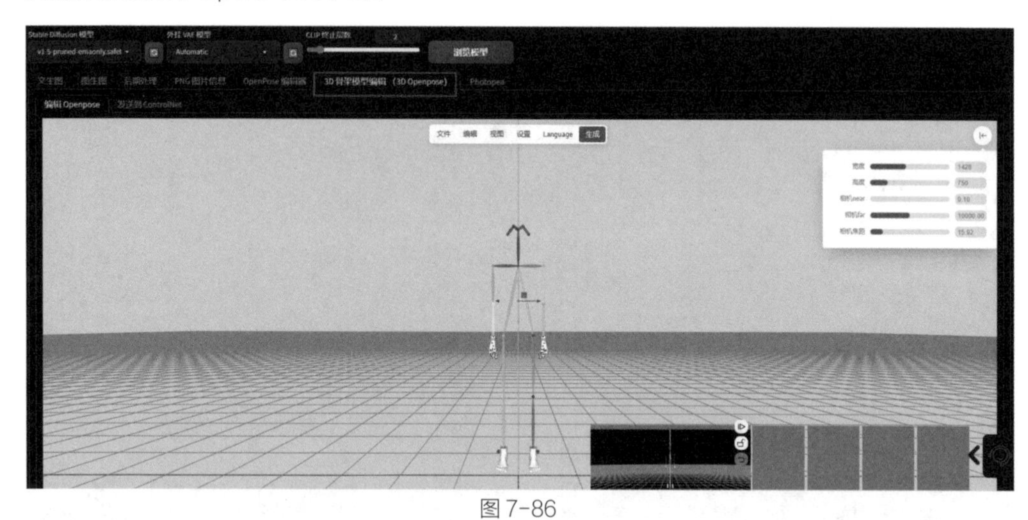

图 7-86

7.3.6 内容约束

【内容约束】是利用色彩分布来控制生成图的物品分布，主要运用的模型是【Seg】（语义分割）。【Seg】模型是 ControlNet 中的一个构图工具，除了控制分布，它还能精准保留物体的外边缘轮廓，不会出现【线条约束】功能下边缘勾勒不清晰的情况。两种约束方式的生成图对比效果如图 7-87 和图 7-88 所示。

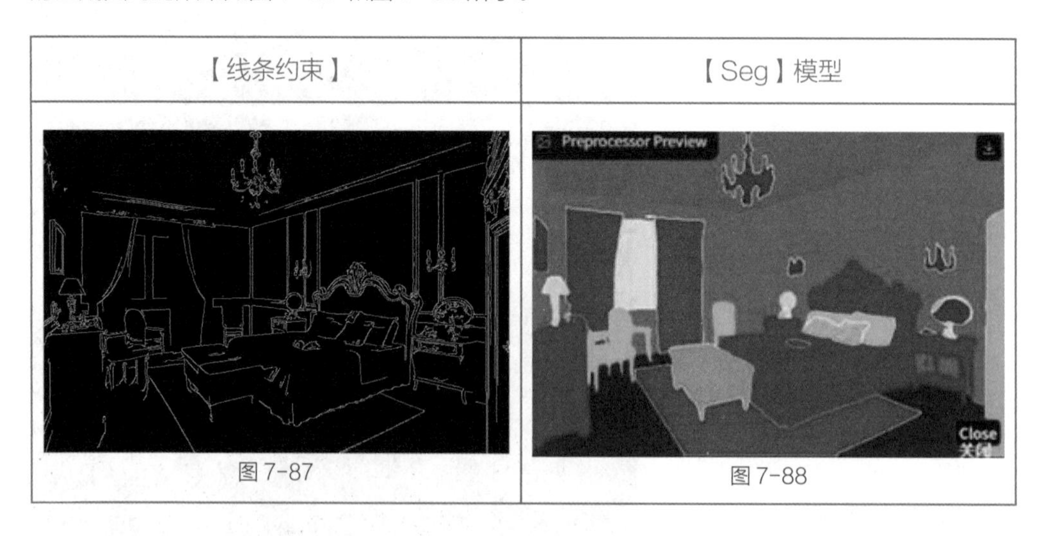

图 7-87　　图 7-88

很明显，【线条约束】提取的线稿中，物体的轮廓更清晰、准确。ControlNet 运用【Seg】进行预处理，对每件物品使用的具体颜色都做了标记，每一个色号代表一种物品，计算机识别也能一目了然。

语义分割数据库中包含多种颜色，每一种颜色代表着一种物体，如 #787878 色号代表墙，#CC05FF 色号代表床等，具体数值可以根据 ADE20K 语义分割数据库的标签规则一一对应。

ADE20k 协议色卡对应表如图 7-89 所示。

编号	RGB颜色值	16进制颜色码	颜色	类别（中文）	类别（英文）
1	(120, 120, 120)	#787878		墙	wall
2	(180, 120, 120)	#B47878		建筑；大厦	building; edifice
3	(6, 230, 230)	#06E6E6		天空	sky
4	(80, 50, 50)	#503232		地板；地面	floor; flooring
5	(4, 200, 3)	#04C803		树	tree
6	(120, 120, 80)	#787850		天花板	ceiling
7	(140, 140, 140)	#8C8C8C		道路；路线	road; route
8	(204, 5, 255)	#CC05FF		床	bed
9	(230, 230, 230)	#E6E6E6		窗玻璃；窗户	windowpane; window
10	(4, 250, 7)	#04FA07		草	grass
11	(224, 5, 255)	#E005FF		橱柜	cabinet
12	(235, 255, 7)	#EBFF07		人行道	sidewalk; pavement
13	(150, 5, 61)	#96053D		人；个体；某人；凡人；灵魂	person; individual; someone; somebody
14	(120, 120, 70)	#787846		地球；土地	earth; ground
15	(8, 255, 51)	#08FF33		门；双开门	door; double door
16	(255, 6, 82)	#FF0652		桌子	table
17	(143, 255, 140)	#8FFF8C		山；峰	mountain; mount
18	(204, 255, 4)	#CCFF04		植物；植被；植物界	plant; flora; plant life
19	(255, 51, 7)	#FF3307		窗帘；帘子；帷幕	curtain; drape; drapery; mantle; pall
20	(204, 70, 3)	#CC4603		椅子	chair
21	(0, 102, 200)	#0066C8		汽车；机器；轿车	car; auto; automobile; machine; motorcar
22	(61, 230, 250)	#3DE6FA		水	water
23	(255, 6, 51)	#FF0633		绘画；图片	painting; picture
24	(11, 102, 255)	#0B66FF		沙发；长沙发；躺椅	sofa; couch; lounge
25	(255, 7, 71)	#FF0747		书架	shelf
26	(255, 9, 224)	#FF09E0		房子	house
27	(9, 7, 230)	#0907E6		海	sea

图 7-89

COCO 协议色卡对应表如图 7-90 所示。

编号	RGB颜色值	16进制颜色码	颜色	类别（中文）	类别（英文）
1	60. 143. 255	#3c8fff		河流	river
2	116. 112. 0	#747000		建筑，构筑物	building
3	107. 142. 35	#6b8e23		树，树丛，树林，绿篱	tree
4	150. 100. 100	#966464		桥	bridge
5	152. 251. 152	#98fb98		草	grass
6	70. 130. 80	#4682b4		天空	sky
7	96. 96. 96	#606060		室外小路，路径，汀步，公园广场，户外石材铺装	pavement
8	7. 246. 231	#07f6e7		瓷砖墙，马赛克墙	wall-tile
9	217. 167. 115	#7fa773		洗手池，拖把池，浴缸	sink
10	96. 36. 108	#60246c		室内地面，石材地面	floor
11	209. 226. 140	#d1e28c		桌子，桌腿	table
12	210. 170. 100	#d2aa64		窗帘	curtain
13	255. 160. 98	#ffa062		木制小隔板，支撑平台，储物格，书架，鞋架	shelf
14	163. 255. 0	#a3ff00		盆栽，绿植，独立灌木	potted plant
15	197. 226. 255	#c5e2ff		瓶子，酒瓶	bottle
16	225. 199. 255	#e1c7ff		毛巾	towel
17	137. 54. 74	#89364a		砖墙	wall-brick
18	134. 199. 156	#86c79c		柜子，橱柜，墙柜	cabinet
19	146. 112. 198	#9270c6		柜台，台面	counter
20	171. 134. 1	#ab8601		酒杯，高脚杯	wine-glass
21	220. 20. 60	#dc143c		人	person
22	178. 90. 62	#b25a3e		烤箱，烤炉，壁炉，煤气灶，电磁炉	oven
23	255. 73. 97	#ff4961		窗户	window
24	92. 136. 89	#5c8859		玻璃门，推拉门，双开门，单开门	door-stuff
25	153. 69. 1	#994501		椅子，小凳子，脚凳	chair
26	58. 41. 149	#3a2995		水，喷泉，水池，叠水，瀑布，湖	water
27	218. 88. 184	#da58b8		木地板，防腐木栈板	floor-wood
28	102. 102. 156	#66669c		墙	wall

图 7-90

【Seg】模型包含三种【预处理器】，分别是【seg_ofade20k】【seg_ofcoco】【seg_ufade20k】，如图 7-91 所示。

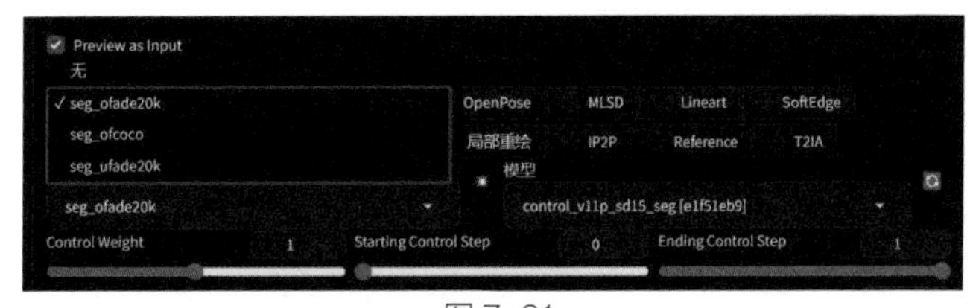

图 7-91

虽然【seg_ofade20k】和【seg_ufade20k】都属于 ADE20k 协议，但两者算法不同，【seg_ofade20k】是 UniFormer 算法，【seg_ufade20k】是 OneFormer 算法。此外，【seg_ofcoco】属于 COCO 协议。这里的协议是指色彩与现实物品对应关系的约定。由于协议不同，色彩与现实物品对应的关系也会有所差异。三种预处理器的生成效果如图 7-92、图 7-93 和图 7-94 所示。

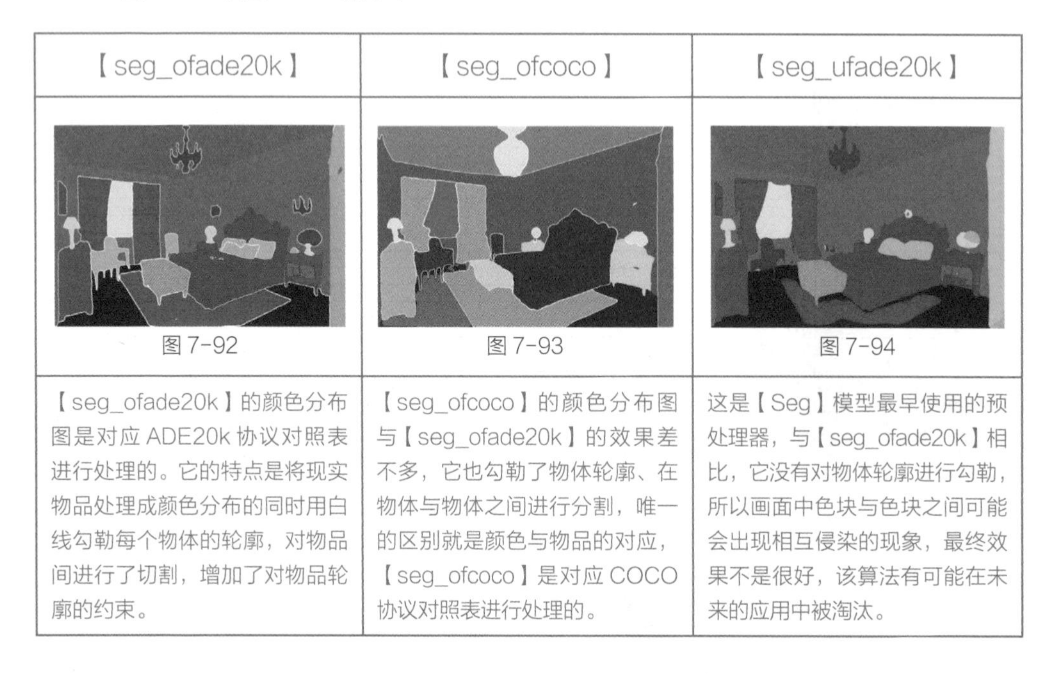

【seg_ofade20k】	【seg_ofcoco】	【seg_ufade20k】
图 7-92	图 7-93	图 7-94
【seg_ofade20k】的颜色分布图是对应 ADE20k 协议对照表进行处理的。它的特点是将现实物品处理成颜色分布的同时用白线勾勒每个物体的轮廓，对物品间进行了切割，增加了对物品轮廓的约束。	【seg_ofcoco】的颜色分布图与【seg_ofade20k】的效果差不多，它也勾勒了物体轮廓、在物体与物体之间进行分割，唯一的区别就是颜色与物品的对应，【seg_ofcoco】是对应 COCO 协议对照表进行处理的。	这是【Seg】模型最早使用的预处理器，与【seg_ofade20k】相比，它没有对物体轮廓进行勾勒，所以画面中色块与色块之间可能会出现相互侵染的现象，最终效果不是很好，该算法有可能在未来的应用中被淘汰。

【seg_ofade20k】和【seg_ofcoco】的出图效果如图 7-95 所示。

原图	【seg_ofade20k】	【seg_ofcoco】

图 7-95

从上图可以看出，【seg_ofade20k】对于图像的还原度更高，场景更完善；【seg_ofcoco】对原图的改动和缺失较大。

总之，ControlNet 在各个维度上的图片约束功能，已经成了 Stable Diffusion 最重要的内容。下面再介绍几种拓展功能，分别是【指令修改】【洗牌模式】【局部重绘】【分块重采样】【参考模式】。

7.4 IP2P（指令修改）

【指令修改】功能就是控制类型中的【IP2P】(Instruct Pix2Pix), 即“指令图片到图片”，是一种用指令达成【图生图】的模式。

案例1 指令修改的操作方法

（1）将一张客厅图片拖入 ControlNet 中，选中【启用】复选框，控制类型选择【IP2P】，如图 7-96 所示。【IP2P】的【预处理器】选项只有【none】，因为它不需要对原来的图片进行处理，原图本身就是特征图。

图 7-96

（2）找到【文生图】的【提示词】输入框，输入指令“make it under water”，意思是让上图的客厅浸在水中，单击【生成】按钮，效果图如图 7-97 所示。除了添加的指令内容，其他内容没有任何变化，就像是给原图加了一个水元素的特效。

图 7-97

指令修改的操作步骤如下。

（1）指令格式：make it ……，如 make it under water。

（2）使用技巧：除了指令，不要写任何反向提示词；【control weight】设置为 1。满足这几点要求，才能成功生成，如图 7-98 和图 7-99 所示。

图 7-98

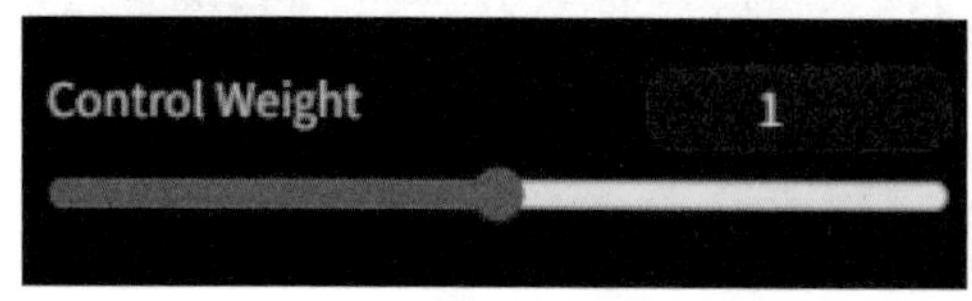

图 7-99

案例2 修改图片季节

要求：修改图片的季节。

步骤解析如下。

（1）找到一张风景图，拖入 ControlNet 中进行测试，如图 7-100 所示。

图 7-100

（2）不同季节的指令效果图如图 7-101 所示。可以说，【IP2P】就是对图片进行控制的最简单的方法。

指令	make it spring	make it summer	make it autumn	make it winter
出图效果				

图 7-101

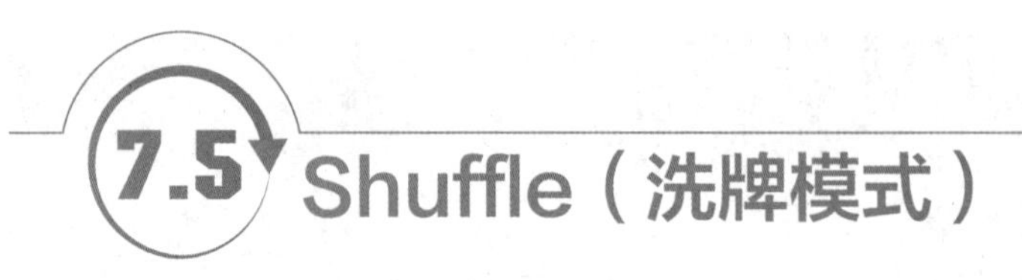

7.5 Shuffle（洗牌模式）

【Shuffle】（洗牌模式）常被用于图像重组。通过【Shuffle】算法对图像进行“洗牌”，在保留画面风格特征的基础上生成新图像，新图像将大量保留原图的色彩信息。

案例　大量保留原图的色彩和风格

（1）将一张室内图片拖入 ControlNet 中，选择【Shuffle】，单击【爆炸】图标进行预览，如图 7-102 所示。

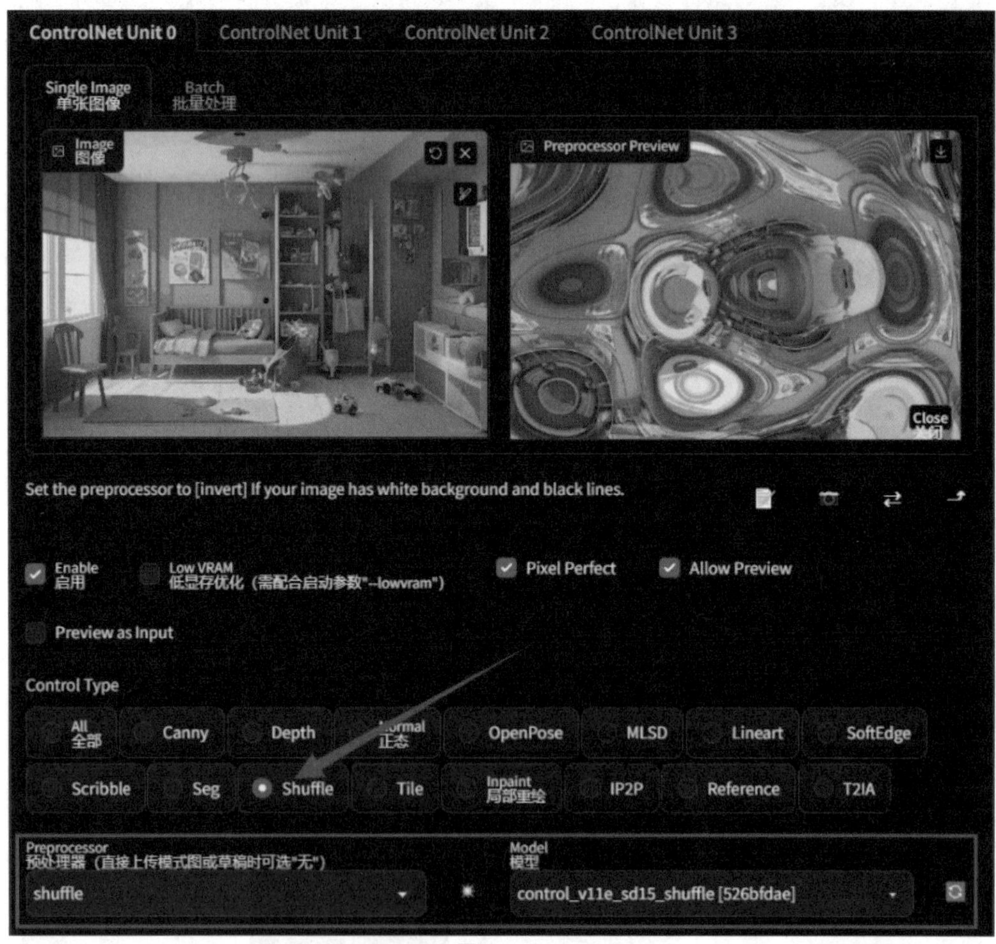

图 7-102

（2）不输入【提示词】，直接单击【生成】按钮，得到的效果图如图 7-103 和图 7-104 所示。

特征图	生成图
图 7-103	图 7-104

通过对比我们发现，生成图和特征图的色调一致。【Shuffle】不仅对同色调图片进行了模仿，还保留了物品信息、风格等综合特征，然后再生成图片。这是它的优势也是它的局限，因为【Shuffle】会将所有特征信息都融入新的图片中。

7.6 Inpaint（局部重绘）

【局部重绘】是对图像进行修复或者重新绘制。这里的【局部重绘】是【图生图】功能中【局部重绘】的升级版。

案例　重绘并融合全局与仅局部重绘

对同一张图片，使用不同的【局部重绘】功能生成新图片，再综合对比，如图 7-105、图 7-106 和图 7-107 所示。

原图	【图生图】中的【局部重绘】	ControlNet 中的【局部重绘】
 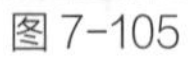 图 7-105	 图 7-106	 图 7-107

可以看出，【图生图】中的【局部重绘】出图质量并不高，头部有些变形，头发融合度不高，需要不断调试。ControlNet 中的【局部重绘】功能将重绘的区域处理得更完善，极大地提高了图片的重绘效果。

【局部重绘】有两个【预处理器】，分别是【inpaint_global_harmonious】和【inpaint_only】，区别在于是否会改变画面的其他地方。

【inpaint_global_harmonious】直译为“重绘并融合全局”，顾名思义，在重绘局部的同时会调动、融合整个画面，使画面看起来更加和谐；【inpaint_only】直译为“仅局部重绘”，意思是只改变蒙版区域，它的融合效果相对较差，但还原度更高，如图 7-108 和图 7-109 所示。

蒙版区域	重绘内容
图 7-108	 图 7-109

7.7 Tile（分块重采样）

【分块重采样】是指先对图片分块，再进行分块重绘，最后拼合在一起的过程。它利用的模型是【Tile】，【Tile】可以识别图像，主要功能包括【放大】【修复】【添加细节】等。

案例 放大、修复并重绘细节

要求：修复一张非常模糊的图片，如图 7-110 所示。

图 7-110

步骤解析如下。

（1）将图片拖入 ControlNet 中，控制类型选择【Tile】，【预处理器】将自动选择【tile_resample】，如图 7-111 所示。

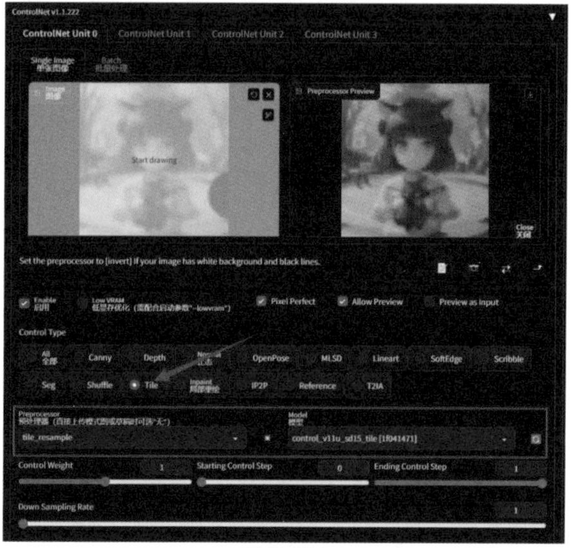

图 7-111

注意：这里有一个参数叫【Down Sampling Rate】，在图片像素分辨率过低，图片看上去非常模糊时，这个参数通常被设置为默认值 1，可以直接进行生成；当图片不是很模糊时，为了更好地适应生成算法或提高处理效率就需要把【Down Sampling Rate】值拉高，等到从预处理预览看到清晰的图片变得模糊时，再进行生成。

（2）此图的【Down Sampling Rate】值默认为1，点击【生成】按钮，出图效果如图7-112所示。与Stable Diffusion中的【放大】功能不同的是，【Tile】在放大图片的同时还会为图片增加细节，提高图片的精致度。

图7-112

【Tile】有三种【预处理器】，分别是【tile_resample】【tile_colorfix】【tile_colorfix+sharp】。

①【tile_resample】是【Tile】模型最早的预处理器，其最大的特点是可以使图片色彩偏移，生成图的色调会发生很大的变化。

②【tile_colorfix】的主要功能与【tile_resample】类似，但它额外增加了颜色修复功能。这一功能可以使原图与输出图的色调保持一致。另外，需要注意【Variation】数值，即画面变化程度的设置，其使用方法与【Down Sampling Rate】类似。

③【tile_colorfix+sharp】预处理器在【tile_colorfix】的基础上又增加了图片锐化的功能，所以在【Variation】的参数设置中还多了一个【Sharpness】锋利度，通常会在0～2之间进行锐化程度的设置。

7.8 Reference（参考模式）

【Reference】（参考模式）就是让生成图参考原图特征进行图像生成，它可以提取图像的特征，然后生成主体相似、风格相似的新图像。

【Reference】有三种预处理器，分别是【reference_adain】【reference_adain+attn】【reference_only】。

【reference_only】意为仅参考输入图，是【Reference】模式最早的预处理器。需要注意，【reference_only】预处理器中的【Style Fidelity】（风格忠诚度）控制着出图对原图的模仿程度，如图 7-113 所示。

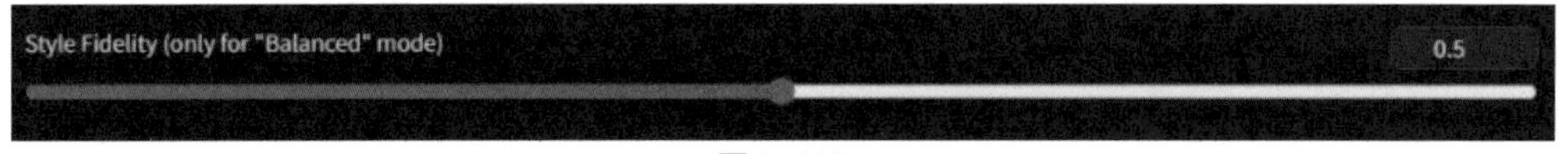

图 7-113

案例 原图与生成图主体特征相似

（1）选择一张少女全身图，如图 7-114 所示。

（2）将该图拖入 ControlNet 中，控制类型选择【Reference】，【预处理器】选择【reference_only】。注意，【Reference】没有模型选择，只有预处理器选择，如图 7-115 所示。

图 7-114

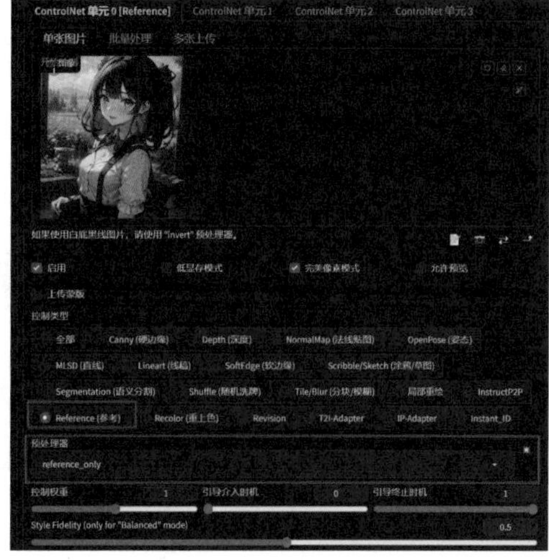

图 7-115

利用【X/Y/Z 图表】做一张不同【Style Fidelity】的效果对比图，测试这个参数对出图效果的影响，如图 7-116 所示。

[ControlNet] Pre Threshold A: 0.0 | [ControlNet] Pre Threshold A: 0.4 | [ControlNet] Pre Threshold A: 0.6 | [ControlNet] Pre Threshold A: 0.8 | [ControlNet] Pre Threshold A: 1.0

图 7-116

通过对比可以看出，【Style Fidelity】为 0 时，生成图与原图差别较大；随着数值不断增大，生成图与原图的特征也逐渐相近。因此，【Style Fidelity】参数越低，对原图的模仿程度就越低；参数越高，对原图的模仿程度就越高。

【reference_adain+attn】与【reference_only】都是对原图的还原，其中，【Style Fidelity】也同样是重要的参数，采用相同的方法生成组图，效果对比如图 7-117 所示。与【reference_only】一致，【Style Fidelity】的参数越高，生成图对原图的模仿程度就越高。然而，两者相比，【reference_adain+attn】的模仿效果会更好。

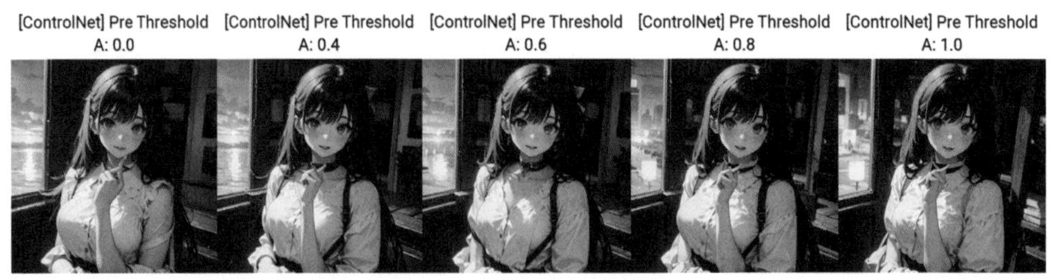

图 7-117

【reference_adain】的作用是对风格进行迁移，图像细节大幅度改变。用同样的测试方法，不同【Style Fidelity】下的生成图，如图 7-118 所示。

图 7-118

通过对比可以看出，【reference_adain】处理之后的效果几乎没有保留太多原图的元素特征，只参考了背景和主要特征。总之，三种【预处理器】各有优势，用户可以按需使用。ControlNet 的出现增加了生成图像的稳定性和可控性，使得 Stable Diffusion 能够更好地满足用户的特定需求。

第8章

08 最创意：游戏美术设计

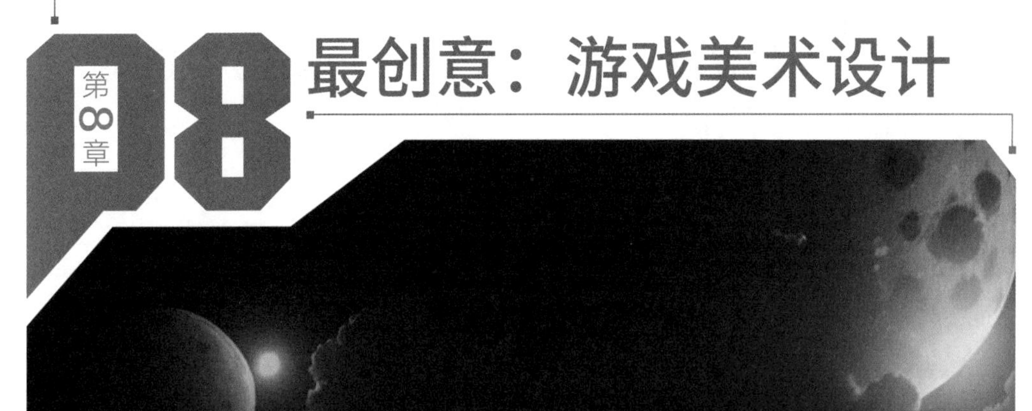

在游戏开发领域，AI 图像生成技术和人工精细化的巧妙结合的应用案例非常多。Stable Diffusion 作为一款先进的图像生成工具，通过不断进步的图像生成技术，结合支持骨骼调整的 ControlNet 插件，使游戏开发者可以更方便地从草稿出发，借助 AI 的细化结果，快速筛选出符合要求的图像，并在此基础上进行针对性的人工调整和优化。

8.1 AI 绘画在游戏行业中的应用与优势

AI 绘画如今在游戏行业有了许多的应用，下面是最常见的几类。

❶ 角色设计和创造

AI 可以用来生成游戏中的角色。通过训练模型，AI 可以学习不同风格和不同类型的角色，从而生成新的、富有创意和独特的角色形象。

❷ 场景和环境绘制

AI 可以协助开发人员快速创建游戏中的场景和环境，如城市、森林、山脉等。

❸ 动画和特效

通过训练模型，AI 可以模拟物体的运动和行为轨迹，用于生成游戏中的动画和特效。此外，AI 还可以生成各种特效，如火焰、水流等，为游戏增加视觉上的冲击力。

❹ 生成游戏美术资源

AI 可以辅助生成游戏美术资源，如贴图、纹理等，提高工作效率。

❺ 自动化创作工具

AI 可以作为创作工具与开发者互动，协助游戏开发人员形成创意思路，生成设计图稿，加快开发进程。

下面将通过游戏角色多视图设计、原画生成、游戏场景设计、icon 设计、VR 场景渲染等具体案例，多方面地解读 Stable Diffusion 在游戏行业中的应用。

8.2 多视图设计

在游戏设计中，角色多视图是指为游戏角色提供多个不同视角的形象，以帮助玩家更全面地了解角色的外观、能力和行为。角色多视图通常包括正面视图、侧面视图、背面视图以及面部特写视图等。

案例 角色多视图设计

要求：为一个二次元风格的角色设计多视图。

步骤解析如下。

（1）找到一张多视角的骨架图，如图 8-1 所示。注意，骨架图要包含人物的正面、背面、左侧面和右侧面。

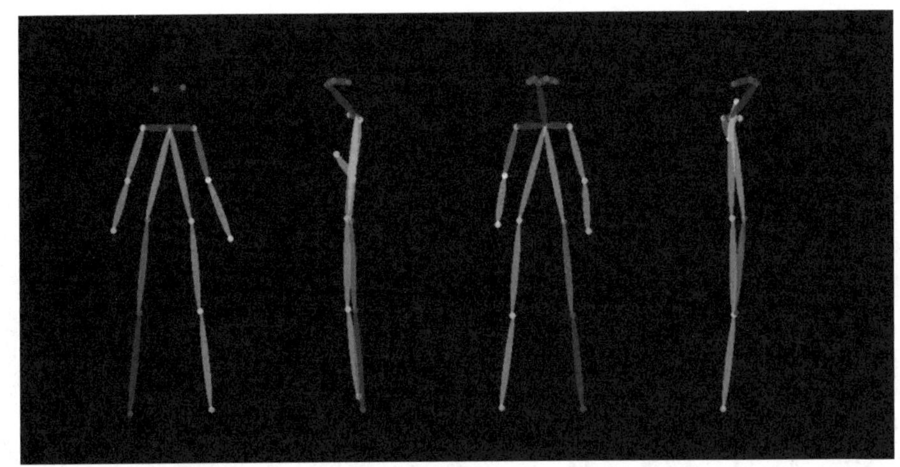

图 8-1

（2）打开【文生图】界面，将骨架图拖入 ControlNet 中，选中【启用】，控制类型选择【OpenPose】，预处理器选择【none】，模型则与之对应。单击骨架图下方的【set dimensions（直角箭头）】，将生成图的尺寸与骨架图相匹配，其他参数默认不变，如图 8-2 所示。

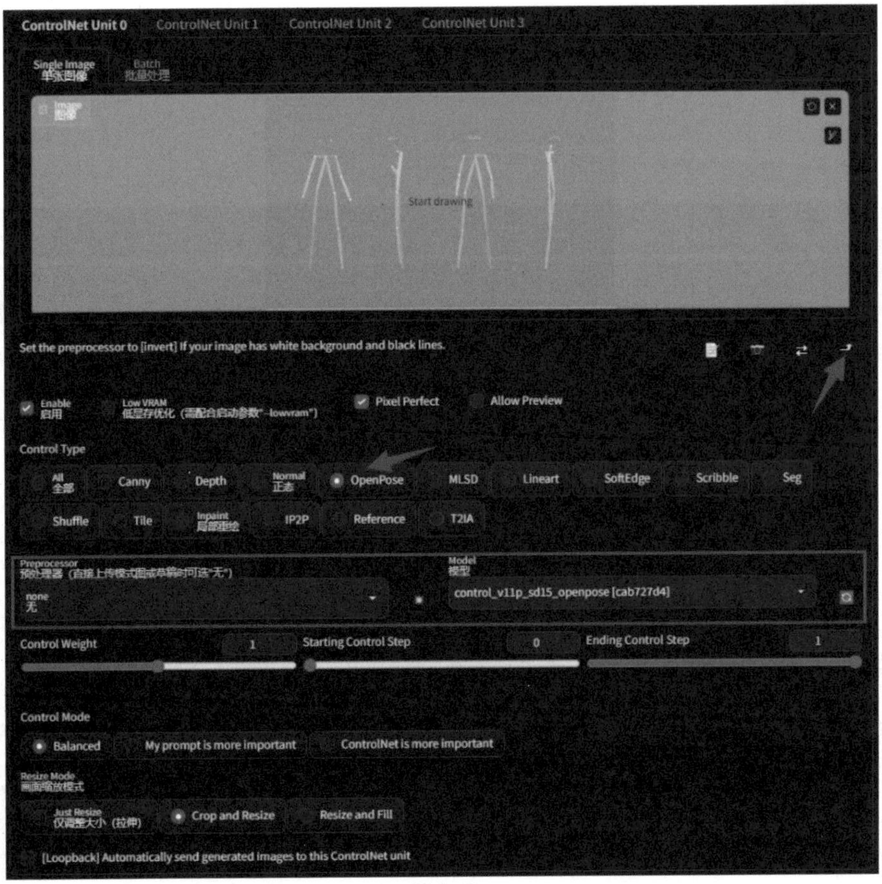

图 8-2

（3）ControlNet 设置好以后，回到界面顶端。在【大模型】中选择二次元模型【Anything-V3.0】并添加相应【提示词】,【提示词】为“masterpiece, best quality, (simple background, white background:1.5),((multiple views)), get a front and back view”，【反向提示词】可使用 Embedding 打包词或者常用模板，如图 8-3 所示。

图 8-3

（4）参数设置如下。

采样迭代步数：20。

采样方法：DPM++2M Karras。

选中【面部修复】和【高清修复】复选框。

放大算法：R-ESRGAN 4x+ Anime6B。

尺寸：792×480（此为 ControlNet 匹配尺寸）。

其他参数默认不变，如图 8-4 所示。单击【生成】按钮，效果图如图 8-5 所示。

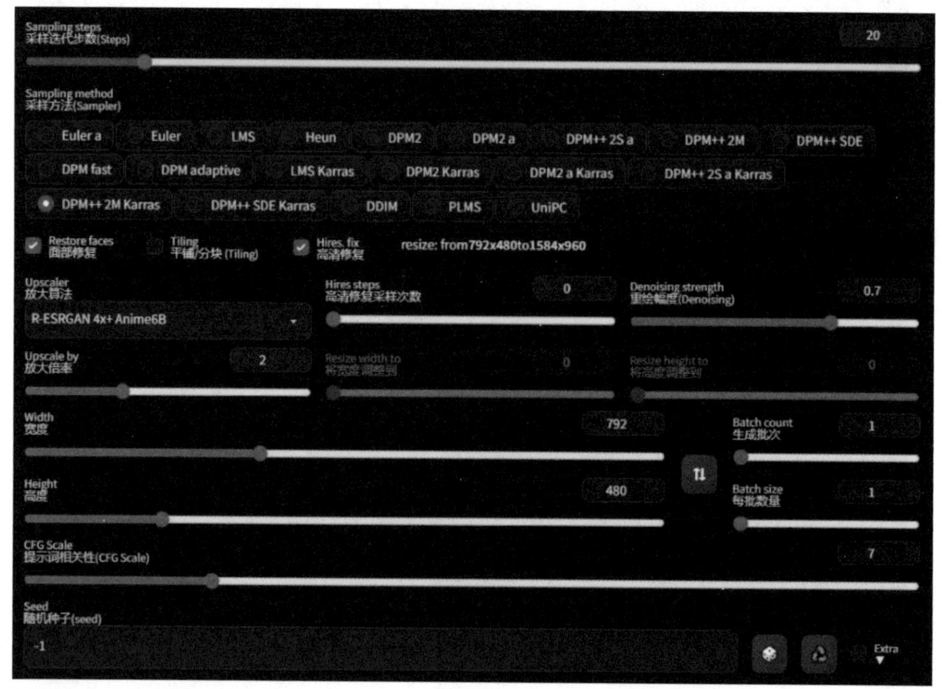

图 8-4

图 8-5

Stable Diffusion 不仅可以生成二次元角色多视角设计图，还能够生成更多风格的角色多视图，这主要取决于用户选择的模型，如图 8-6 所示。

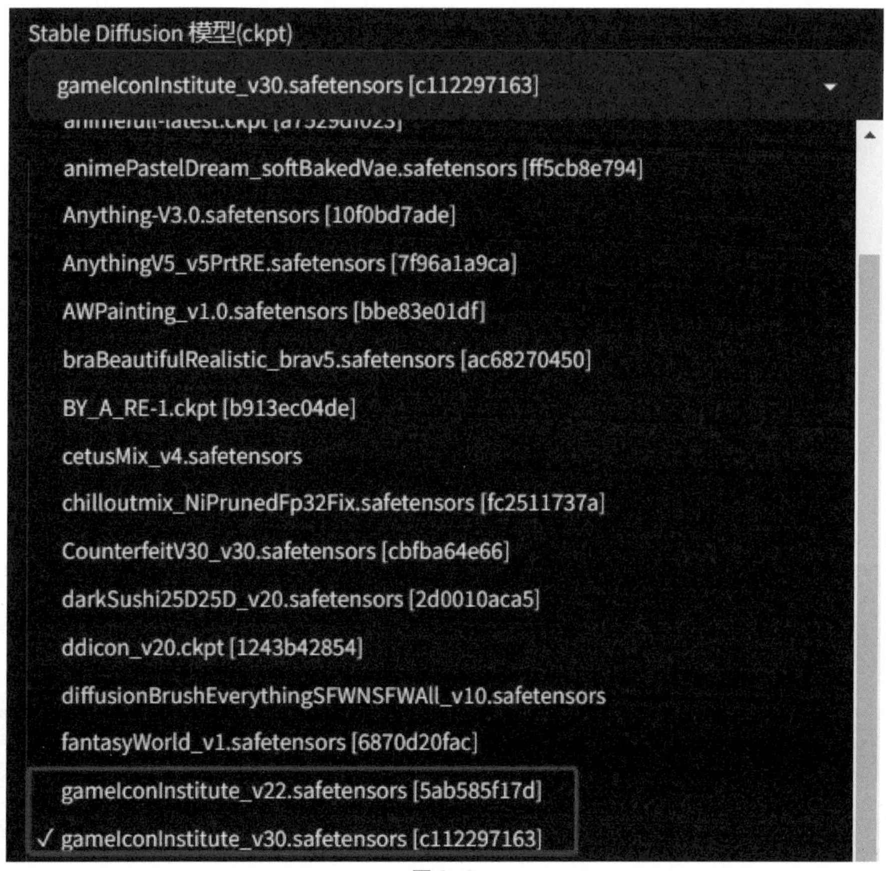

图 8-6

8.3 原画生成

原画在游戏开发中是非常重要的，作为游戏设计的创作起点和参考，它们捕捉了创意和想法，并为后续的游戏制作提供了基础。

案例 原画设计图

要求：制作一张暗黑 BOSS 风格的原画设计图。

步骤解析如下。

（1）风格的呈现主要在于【模型】与【提示词】的配合，这里选用的模型是【lyriel_v16】，如图 8-7 所示。更多模型可以在相关网站按需下载。

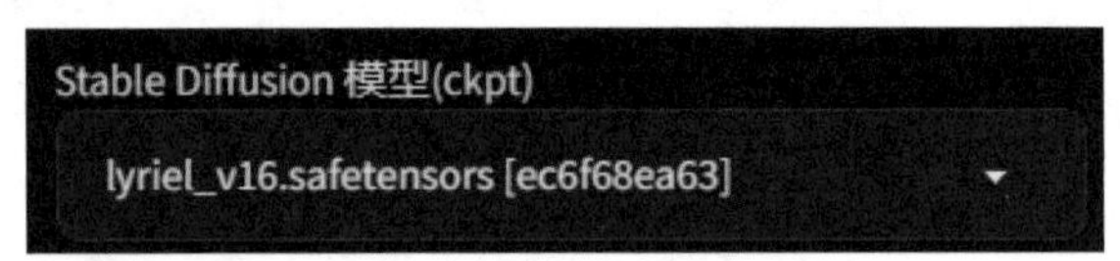

图 8-7

暗黑 BOSS 风格【提示词】模板如下。

【质量词】(masterpiece, best quality:1.2), illustration, 8k wallpaper,

【主体词】(portal:1.1), (otherworldly creature:1.2), (magical energy:1.1), (floating debris:1.05), (dark and mysterious environment:1.05), (multiple arms:1.05), (glowing third eye:1.1),

【图片氛围词】(bright light:1.05), (illumination:1.05), (fantasy:1.15), (surreal:1.1), (enigmatic:1.05), (intriguing:1.05), (ethereal:1.08), (mystical:1.1), (cosmic:1.05), (interdimensional:1.1), (unearthly:1.05), (spellbinding:1.1), (unforgettable:1.05), (fantasy art:1.1), (digital art:1.05), (magical realism:1.08), (epic:1.1), (concept art:1.05), (highly detailed:1.1), (cinematic:1.05), (surrealism:1.05), (mystery:1.05), (astonishing:1.1), (by Andrey Surnov:1.05), (mind-bending:1.1), (fascinating:1.05), (unbelievable:1.05), (otherworldly landscapes:1.1), (breathtaking:1.05), (incredible:1.05), (portal opening:1.05),colorful,

【反向提示词】通常使用模版或者 Embedding 打包词，如图 8-8 所示。

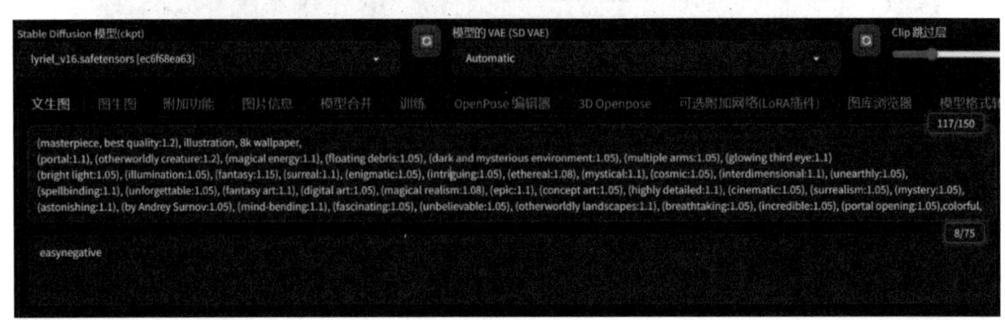

图 8-8

（2）参数设置如下。

采样迭代步数：40。

采样方法：DPM++2M Karras。

选中【高清修复】复选框。

放大算法：R-ESRGAN 4x+ Anime6B。

重绘幅度：0.49（重绘幅度不用太高）。

尺寸：768×576。

生成批次：2（可以生成多张图片，从中选择最合适的）。

其他参数默认不变，如图 8-9 所示。单击【生成】按钮，效果图如图 8-10 所示。

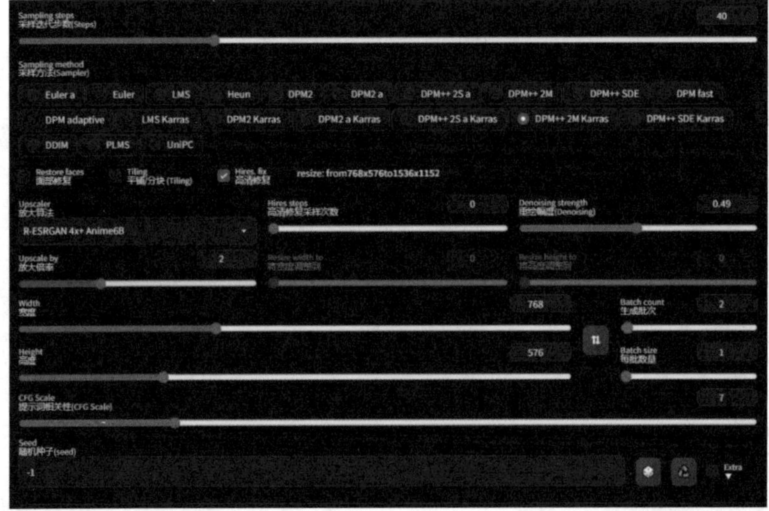

图 8-9

图 8-10

（3）继续丰富原画内容，如添加元素、更换【模型】等，如图 8-11 所示。将模型更换为【revAnimated_v122】，【提示词】和参数不变，单击【生成】按钮，效果图如图 8-12 所示。

Stable Diffusion 模型(ckpt)
revAnimated_v122.safetensors [4199bcdd14]

图 8-11

图 8-12

对于传统的原画设计师来说，这样一副原画需要耗费大量时间才能出稿，但在 Stable Diffusion 的帮助下只需要几分钟就能够完成，大大节省了游戏原画设计师的时间成本。

8.4 游戏场景设计

游戏场景作为游戏世界的一部分，为游戏玩家提供了探索、互动和战斗等活动的空间背景，场景包括地图、建筑物、自然景观等元素。

案例 游戏场景图设计

要求：创作一张具有科幻、火星、夜晚、超现实主义、超广角镜头、佳能 5D 等元素的游戏场景图。

步骤解析如下。

（1）打开【文生图】界面，选择模型【lyriel_v16】，如图 8-13 所示。

图 8-13

（2）填入相关【提示词】，如“clouds, sky, science fiction, on mars,high-tech, night, prospect, moonlight reflection,sacred,landscape,bright,fhd,4k,high-resolution, realistic,surrealistic,super wide angle shot, canon 5d,v-ray,quixel mega scans render, sintane render”。

【Lora】选择风格相关的【V1.1-17SciencefictioncityonMars】。

【反向提示词】可以写入常规的模板内容或是相应的 Embedding，如图 8-14 所示。

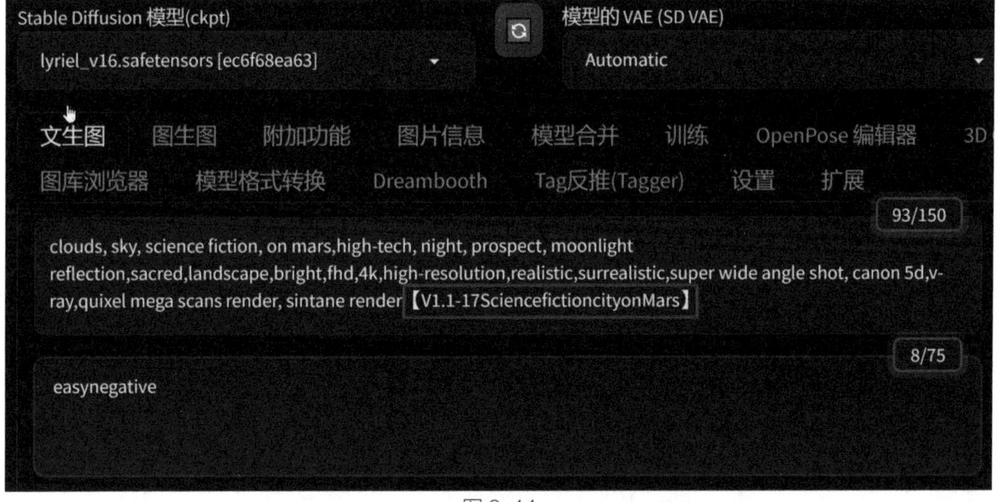

图 8-14

（3）参数设置如下。

采样迭代步数： 20。

采样方法： DPM++SDE Karras。

尺寸： 1024×768。

生成批次： 1。

每批数量： 2（可以生成多张图片，从中选择最合适的）。

其他参数默认不变，如图 8-15 所示。单击【生成】按钮，效果图如图 8-16 所示。

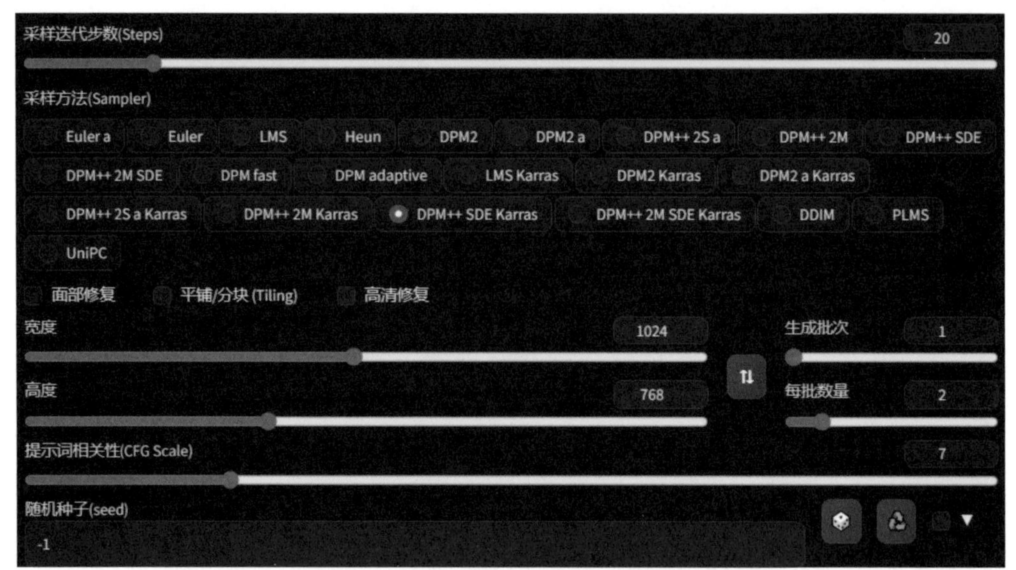
采样迭代步数(Steps)
20
采样方法(Sampler)
Euler a
Euler
LMS
Heun
DPM2
DPM2 a
DPM++ 2S a
DPM++ 2M
DPM++ SDE
DPM++ 2M SDE
DPM fast
DPM adaptive
LMS Karras
DPM2 Karras
DPM2 a Karras
DPM++ 2S a Karras
DPM++ 2M Karras
DPM++ SDE Karras
DPM++ 2M SDE Karras
DDIM
PLMS
UniPC
面部修复
平铺/分块 (Tiling)
高清修复
宽度
1024
生成批次
1
高度
768
每批数量
2
提示词相关性(CFG Scale)
7
随机种子(seed)
-1
图 8-15

图 8-16

8.5 icon 设计

游戏 icon 指的是游戏界面中的图标或图像符号，通常以小尺寸呈现在游戏界面的各个位置，用来代表游戏中的特定功能、道具、技能或游戏对象等

案例　具有宝箱元素 icon 设计

要求：制作具有宝箱元素的 icon 设计。

步骤解析如下。

（1）打开【文生图】界面，【大模型】选择【gameIconInstitute_v30】，同时填入相关【提示词】，如图 8-17 所示。

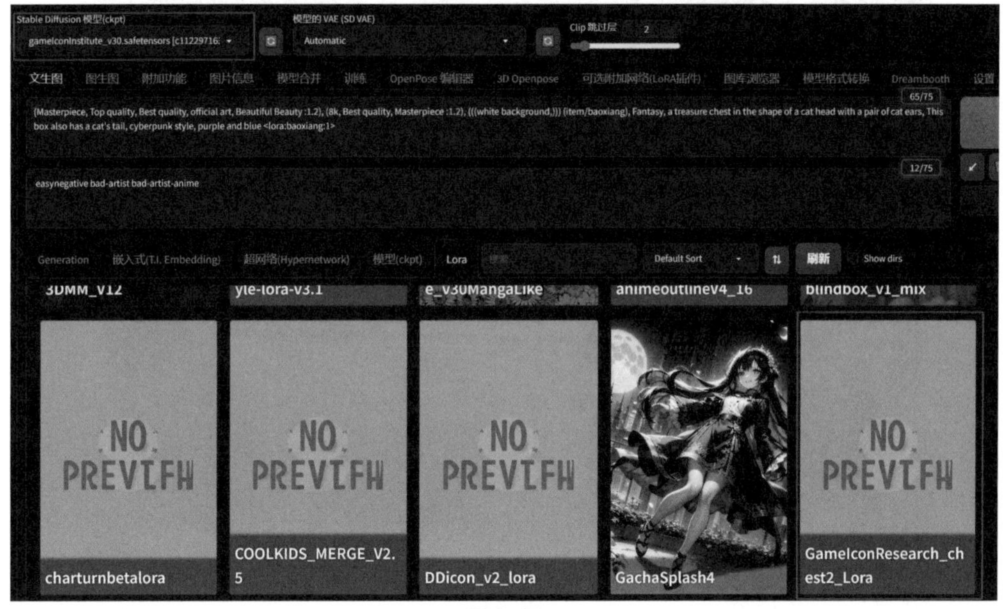

图 8-17

【提示词】为“(Masterpiece, Top quality, Best quality, official art, Beautiful Beauty :1.2), (8k, Best quality, Masterpiece :1.2), (((white background,))) (item/baoxiang), Fantasy, a treasure chest in the shape of a cat head with a pair of cat ears, This box also has a cat's tail, cyberpunk style, purple and blue”。

【Lora】选择相关风格的【GameIconResearch_chest2_Lora】,【权重】设置为 0.7。

【反向提示词】为“easynegative, bad-artist, bad-artist-anime”。

（2）参数设置如下。

采样迭代步数：30。

采样方法：DPM++SDE Karras。

尺寸：768×768。

生成批次：4。

每批数量：1（可以生成多张，选择最合适的图像）。

其他参数默认不变，如图 8-18 所示。单击【生成】按钮，效果图如图 8-19 所示。

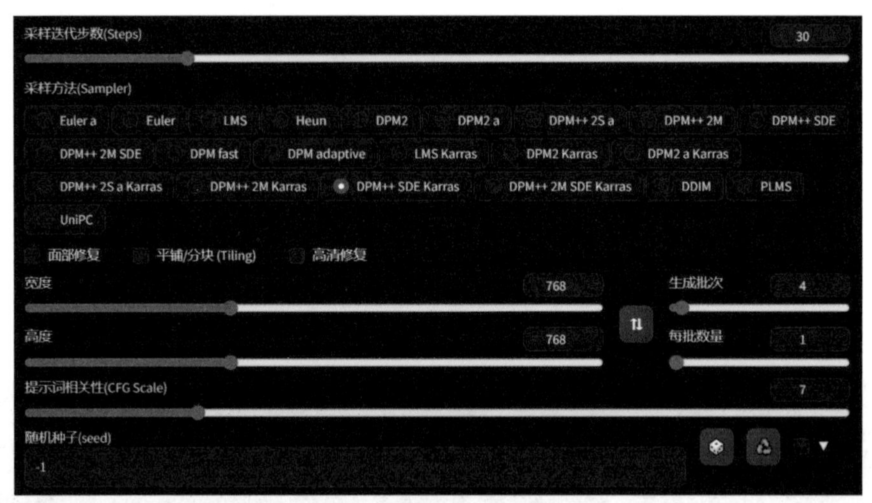

图 8-18

图 8-19

8.6 VR 场景渲染

VR 场景渲染是指在游戏中为虚拟现实设备（如 VR 头戴显示器）创建和呈现逼真的虚拟环境的过程。它可以将游戏世界的场景、角色、物体等图形元素渲染到 VR 设备的显示器上，以实现玩家沉浸于虚拟环境的感觉。

案例 生成 VR 场景图

要求：生成一张具有实验室元素的 VR 场景图。

步骤解析如下。

（1）打开【文生图】界面，【大模型】选择【revAnimated_v122】，如图 8-20 所示。

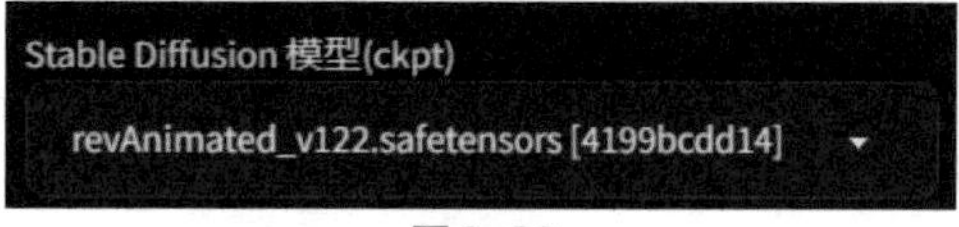

图8-20

（2）输入相关【提示词】。

【提示词】为“a 370 equirectangular panorama , model shoot style, (extremely detailed CG unity 8k wallpaper), inside of a sci-fi spaceship, aliens, technology, dark, night time, neon lights, star trek, trending on Art Station, trending on CG Society, Intricate, High Detail, Sharp focus, dramatic, photorealistic painting art by Greg Rutkowski”。

【Lora】选择全景风格的【LatentLabs360】，【权重】设置为 0.9。

【反向提示词】可以使用常规的模板，如图 8-21 所示。

图 8-21

（3）参数设置如下。

采样迭代步数：30。

采样方法：Euler a。

尺寸：1248 × 768。

生成批次： 1。

每批数量： 2（可以生成多张图片，从中选择最合适的）。

其他参数默认不变，如图 8-22 所示。单击【生成】按钮，效果图如图 8-23 所示。

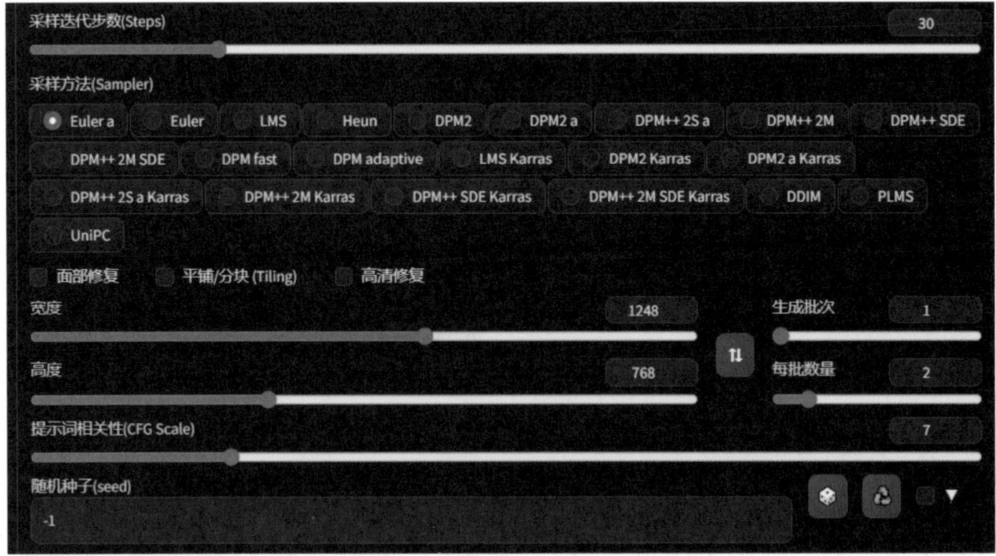

图8-22

图8-23

第9章

超高效：电商模特与产品设计

AI 绘画技术正日益成为电商平台不可或缺的强大工具。它不仅能够生成逼真的产品渲染图和场景图，还能创造出个性化的 AI 模特形象以及富有创意的背景图，这些不仅极大地提升了电商平台的视觉吸引力，还有效地增强了平台的竞争力，进而促进了成交额的显著增长。

9.1 AI 绘画在电商行业中的应用

❶ 高效灵活的产品展示

利用 AI 绘画技术生成产品渲染图或场景图，可以替代传统的商品拍摄。这种应用提供了更高效和灵活的产品展示方式，节省了摄影成本和时间。

❷ 生成个性化的 AI 模特

通过深度学习和计算机视觉技术，AI 绘画不仅能够生成逼真的人体模特，还可以根据用户的需求进行个性化定制，包括不同的体型、肤色和服装等。

❸ 生成创意的直播背景

AI 绘画可以生成虚拟背景图像或视频，为电商直播提供丰富的、引人注目的背景效果。

❹ 提升用户体验度和参与度

通过 AI 绘画的应用，电商平台可以提供多样化的产品展示和试穿体验，提升了用户的购物体验度和参与度。

下面结合商业案例进一步展示 AI 绘画在电商行业中的应用。

9.2 随机 AI 模特生成

案例 **定制化 AI 模特**

要求： 生成一个定制化的 AI 模特，具体要求如下。

形态： 站立姿势。

场景： 街道。

视角： 全身。

风格： 现实风格。

衣服： 长裙。

发型： 长发。

步骤解析如下。

（1）首先，打开【文生图】界面，选择现实人物模型【majicmixRealistic_v5】，填入相关【提示词】，【提示词】为“high quality, masterpiece, ultra-high resolution, photo realism, 1 girl, long hair, standing, long skirt, street, realistic style, full body photo”，【反向提示词】可用常规模板内容或是 Embedding，如图 9-1 所示。

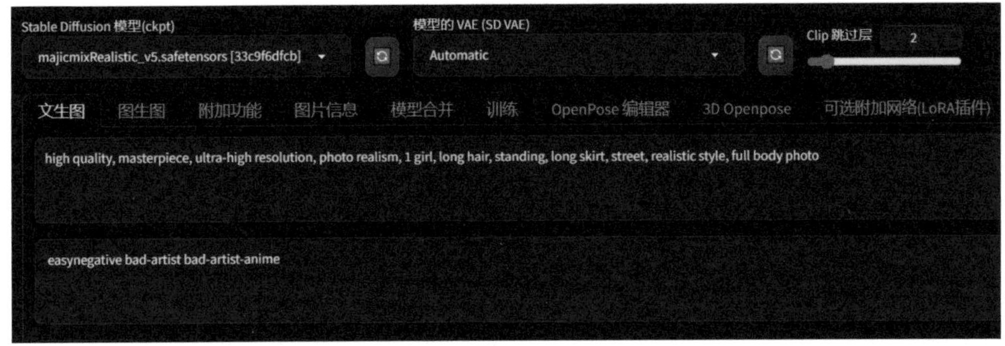

图 9-1

（2）参数设置如下。

采样迭代步数：30。

采样方法：DPM++2M Karras。

选中【高清修复】复选框。

放大算法：R-ESRGAN 4x+。

尺寸选择：512×768。

其他参数默认不变，如图 9-2 所示。单击【生成】按钮，效果图如图 9-3 所示。

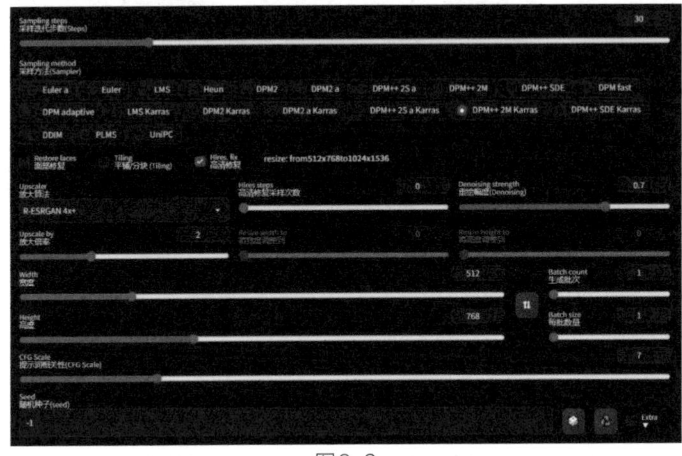

图9-2

图9-3

这种方法非常简便，不仅可以通过改变【提示词】生成不同场景、不同形态并搭配不同的服装款式的 AI 模特，还可以同批次生成多张图像。

9.3 指定 AI 模特脸部特征

指定 AI 模特脸部特征就是使用 ControlNet 中的【OpenPose】模式将脸部特征进行控制，可以用在护肤品、饰品等需要展示模特脸部特写的商业案例中。

案例 生成多种不同效果的商品细节展示图

要求：使用图 9-4 中的模特脸部特征，生成多种不同效果的商品细节展示图。

步骤解析如下。

（1）打开【文生图】界面，选择【majicmixRealistic_v5】大模型。找到 ControlNet，将图片拖入其中，选中【启用】复选框，控制类型选择【OpenPose】，预处理器选择【openpose_face】，对模特的脸部特征进行提取，如图 9-5 所示。

图9-4

图9-5

（2）从提取的结果我们可以清晰地观察到，模特的五官特征已经被精确地捕捉并锁定。随后，不论我们如何改变【提示词】或调整参数设置，最终生成的人物脸部特征都会保持一致。基于这一点，我们只需专注于输入与画质相关的词汇、主体词以及模板的【反向提示词】即可，如图 9-6 所示。

图9-6

（3）参数设置如下。

采样迭代步数： 20。

采样方法： DPM++2S a Karras。

选中【高清修复】复选框。

放大算法： R-ESRGAN 4x+。

尺寸： 512×512。

每批数量： 2。

其他参数默认不变，如图9-7所示。单击【生成】按钮，效果图如图9-8和图9-9所示。

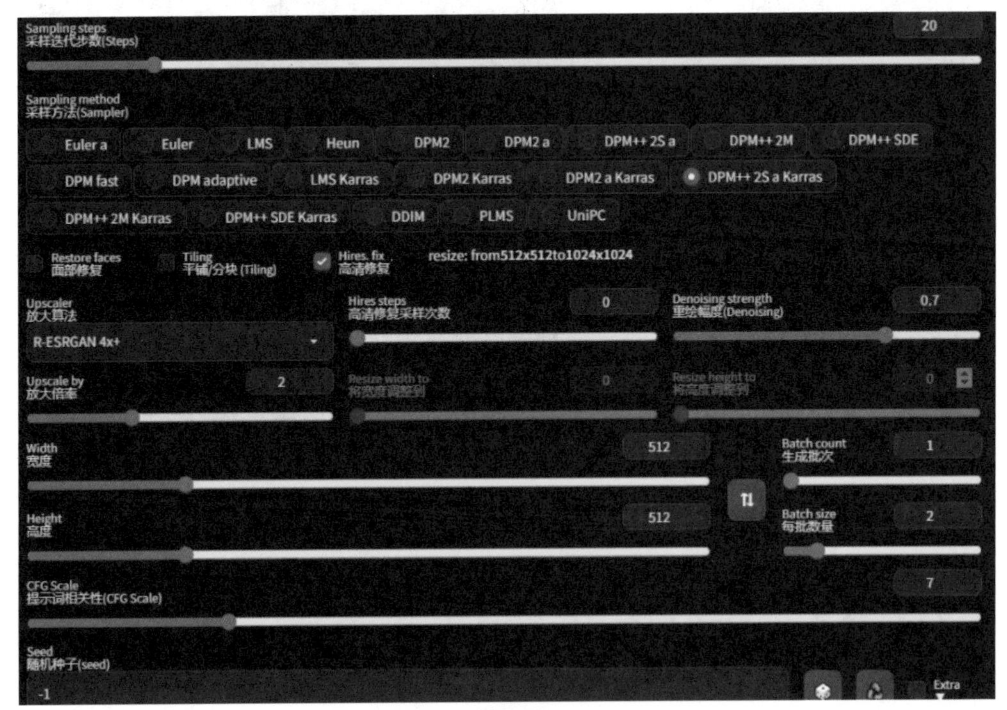

图9-7

图9-8

图 9-9

9.4 衣服鞋帽类产品上身展示

案例1 不同服饰上身展示效果图

要求：生成不同服饰上身展示效果图。

步骤解析如下。

（1）打开【图生图】界面中的【局部重绘（上传蒙版）】，将原图和蒙版图上传其中，如图 9-10 所示。

图 9-10

（2）上传后需要重绘的区域就只有衣服，此时需调整其他参数，如图 9-11 所示。

缩放模式：拉伸。

蒙版模糊：4。

蒙版模式：重绘非蒙版内容。

蒙版蒙住的内容：原图。

重绘区域：仅蒙版。

仅蒙版模式的边缘预留像素：默认 32。

采样迭代步数：26。

采样方法：Euler a。

重绘尺寸：512×768。

重绘幅度：0.75。

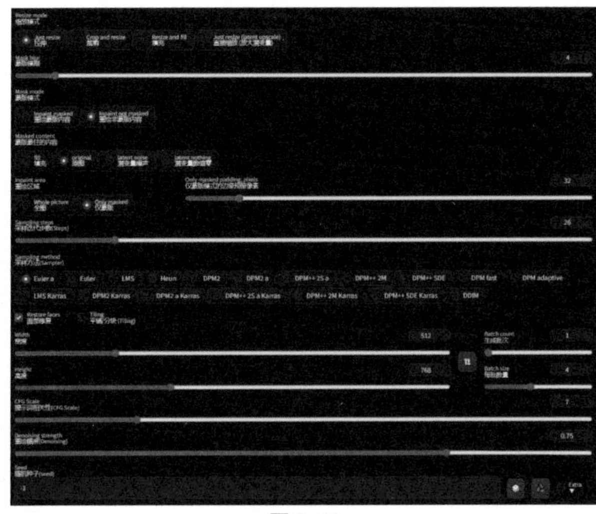

图 9-11

（3）输入【提示词】，如 “high quality, masterpiece, 8k,high definition, fashion,1girl, White background，wearing a black t-shirt, black short skirt，simple background”，如图 9-12 所示。单击【生成】按钮，效果图如图 9-13 所示。

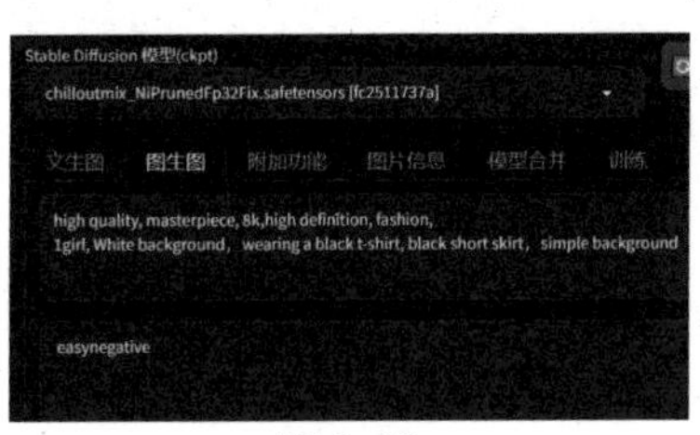

图 9-12

图 9-13

当正确编写【提示词】后，再通过【局部重绘（上传蒙版）】功能来生成图像，我们就能将衣服“穿”在模特身上。然而，这种方式的效果不稳定，且细节也不够完善。常见的问题包括在生成的图像中服装边缘与原版衣服不匹配等，如图 9-14 所示。

图 9-14

案例2 优化展示效果

利用 ControlNet 控制模特的人物特征及动作，优化衣服在模特身上的展示效果。

步骤解析如下。

（1）在案例 1 的基础上，直接打开 ControlNet，拖入原服装图片。选中【启用】复选框，控制类型选择【OpenPose】，预处理器选择【openpose_full】，单击【爆炸】图标，如图 9-15 所示。

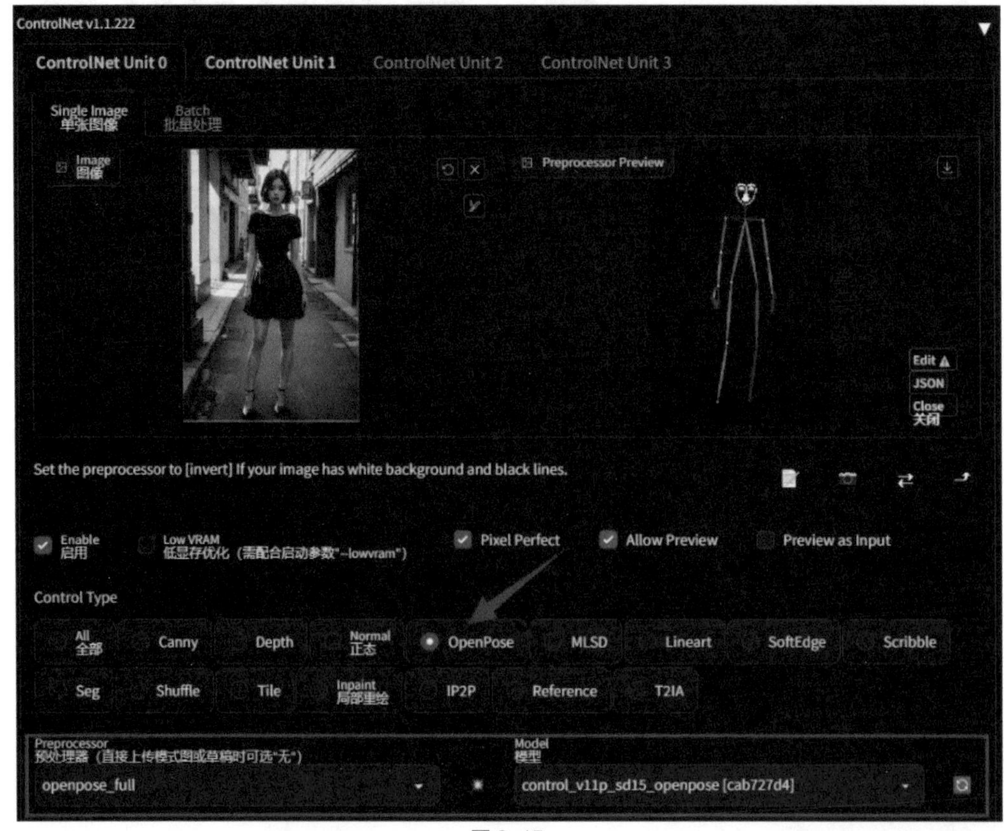

图 9-15

（2）姿势特征提取出来后，单击【生成】按钮，效果图如图 9-16 所示。

（3）对比细节可以看到，整体效果有了很大提升。若某些衣服的边缘还存在瑕疵，可以打开第二个 ControlNet，将处理过的衣服图片拖入其中。**注意，这里上传的是衣服图片而不是衣服蒙版图片，目的是进行衣服边缘线条的控制。**选中【启用】和【Pixel Perfect】复选框，控制类型选择【Canny】或【Lineart】，单击【爆炸】图标进行预览，如图 9-17 所示。

注意：除了生成过程中的控制约束，图片边缘细节的精细处理也是影响生成效果的重要因素。

图 9-16

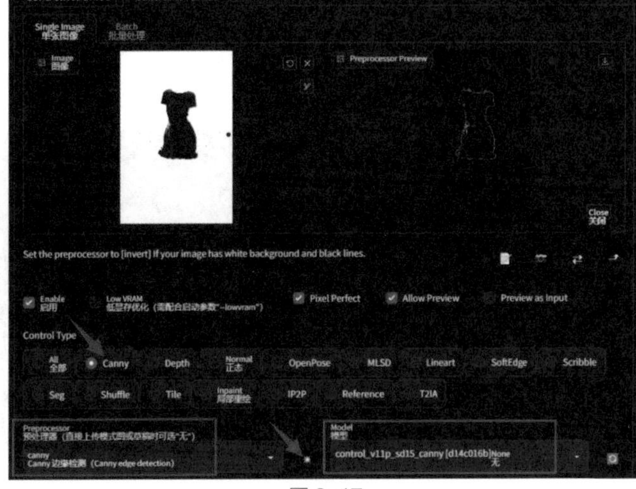

图 9-17

（4）通过【线条约束】对衣服边缘进行控制，可以大幅度减少边缘生成其他布料的情况，这时再单击【生成】按钮，细节变得更加完善了，效果图如 9-18 所示。

图 9-18

9.5 电商产品主图

电商产品主图的展示是商品销售的关键，在没有实物拍摄或者其他特定需求的情况下，Stable Diffusion 能够快速生成高清优质的产品图。

案例　生成热水壶产品图

要求：生成一张灰色的热水壶产品图。

步骤解析如下。

（1）在相关网站下载并安装对应的【Lora】模型，选择【大模型】，此处用到的是【chilloutmix_NiPrunedFp32Fix】现实模型，填入相关【提示词】，如图 9-19 所示。

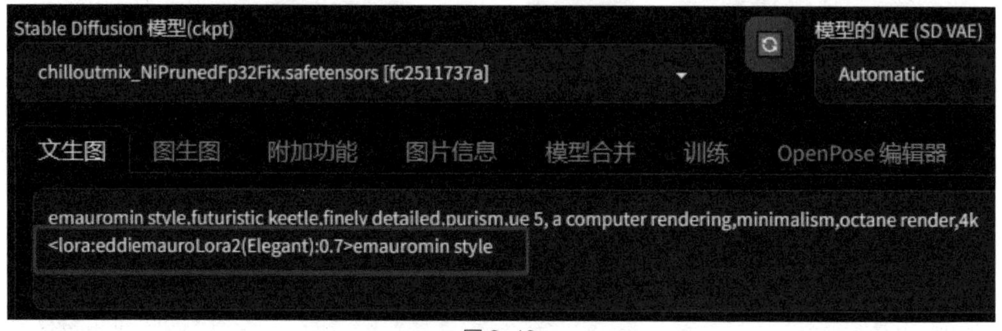

图 9-19

（2）调整参数如下。

采样迭代步数：20。

采样方法：DPM++2M Karras。

尺寸：512×768。

每批数量：2。

其他参数默认不变，如图 9-20 所示。单击【生成】按钮，效果图如图 9-21 所示。

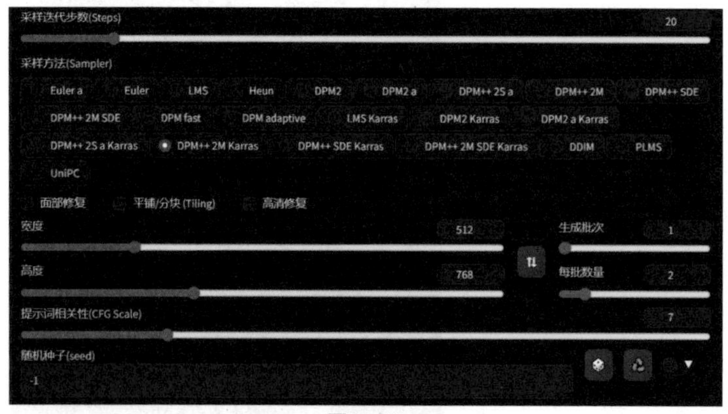

图9-20

图 9-21

9.6 直播间背景

直播已经成为电商行业的热门卖货方式，为了让直播间显得更加专业，充满氛围感的直播背景就成了直播中非常重要的一部分。

案例 制作服装店背景图

要求：制作一张服装店的背景图。

步骤解析如下。

（1）打开【文生图】界面，填入【提示词】，如“high quality, masterpiece, 8k,high definition, fashion, Clothes shop, clothing display, women's clothing, fashion”，如图9-22所示。

high quality, masterpiece, 8k,high definition, fashion, Clothes shop, clothing display, women's clothing, fashion

图9-22

（2）参数设置如下。

采样迭代步数：30。

采样方法：DPM++2S a Karras。

选中【高清修复】复选框。

放大算法：R-ESRGAN 4x+。

重绘尺寸：768×512。

其他参数默认不变，如图9-23所示。单击【生成】按钮，效果图如图9-24所示。

采样方法(Sampler) DPM++ 2S a Karras
采样迭代步数(Steps) 30
面部修复 平铺/分块(Tiling) 高清修复 从768x512调整至1536x1024
放大算法 R-ESRGAN 4x+
高清修复采样次数 0
重绘幅度(Denoising) 0.7
放大倍率 2
将宽度调整到 0
将高度调整到 0
宽度 768
生成批次 1
高度 512
每批数量 1
提示词相关性(CFG Scale) 7
随机种子(seed) -1

图9-23

图9-24

注意：制作场景式的背景图时，最重要的一步就是填写【提示词】，【提示词】写得越丰富，出图效果就越好，必要时也可以添加【Lora】。

第10章 人人都是插画师：插画设计

AI 绘画工具对插画行业的影响无疑是直观且深远的。如今，越来越多的插画师将 AI 技术作为得力助手，它不仅能化繁为简，提高设计和绘画的效率，还能结合艺术表现手法和想象力快速产出预设效果，这一能力极大地推动了插画行业的创新和发展。

10.1 线稿生成案例解析

案例　生成素描效果线稿图

要求：用图 10-1 中的插画生成一张线稿图。

步骤解析如下。

利用 ControlNet 生成线稿的方式有两种，分别是【Canny】模型和【Lineart】模型，两者生成的线稿效果相近。这里采用的是【Canny】模型。

（1）打开 ControlNet，将图 10-1 拖入其中。选中【启用】复选框，控制类型选择【Canny】，预处理器选择【Canny 边缘检测】，单击【爆炸】图标进行预览，如图 10-2 所示。

图 10-1

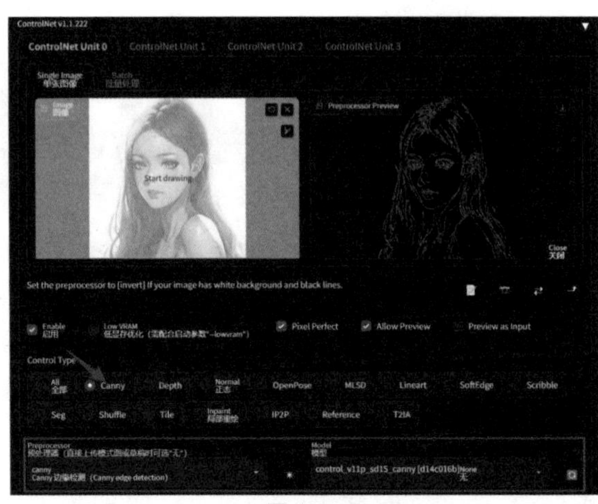

图 10-2

（2）线条提取出来以后，直接添加【模型】，单击【生成】按钮，会得到一张上色后的效果图。为了满足 **“生成线稿图”** 的需求，**需要对【提示词】和【模型】做出明确要求。第一，【提示词】中不可缺少对画质的要求；第二，要有主体词，如 “1girl”；第三，要明确线条，如 “lineart”；第四，要强调单色，如 “monochrome”；第五，要添加线稿【Lora】模型，如 “animeoutlineV4_16”**，如图 10-3 所示。

图 10-3

（3）参数设置如下。

采样迭代步数：20。

采样方法：Euler a。

重绘尺寸：512×512。

其他参数默认不变，如图 10-4 所示。单击【生成】按钮，效果图如图 10-5 所示。

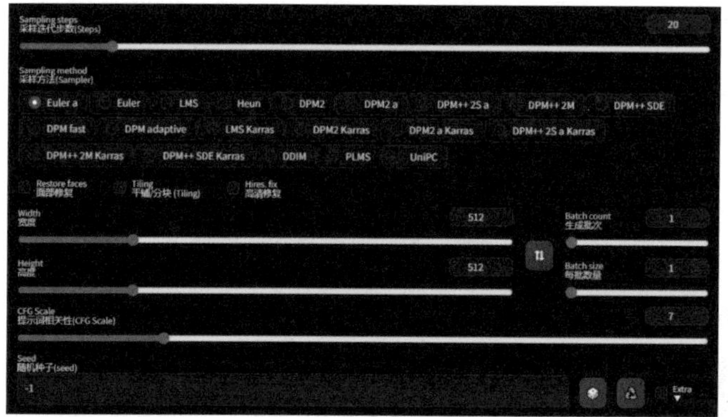

图 10-4

图 10-5

10.2 图像转线稿再重新上色

在使用【Canny】边缘检测算法提取线条时，由于该算法的特性，常常会生成双线条，这在上色后可能导致图像边缘显得较为生硬。因此，对于如猫、长毛狗等具有显著皮毛特征的动物和物体，使用【Canny】可能不是最佳选择。下面我们将介绍利用【Lineart】模型来提取毛发特征线稿，以获得更为自然和精细的效果。

案例　根据已有图重新生成

要求：提取图 10-6 中的插画线稿并重新上色，再生成两张更有视觉冲击力的插图。

步骤解析如下。

（1）打开【文生图】界面，将图 10-6 拖入 ControlNet 中。选中【启用】复选框，控制类型选择【Lineart】，预处理器选择对应的二次元线条提取算法【lineart_anime_denoise】，单击【爆炸】图标进行预览，如图 10-7 所示。

图 10-6

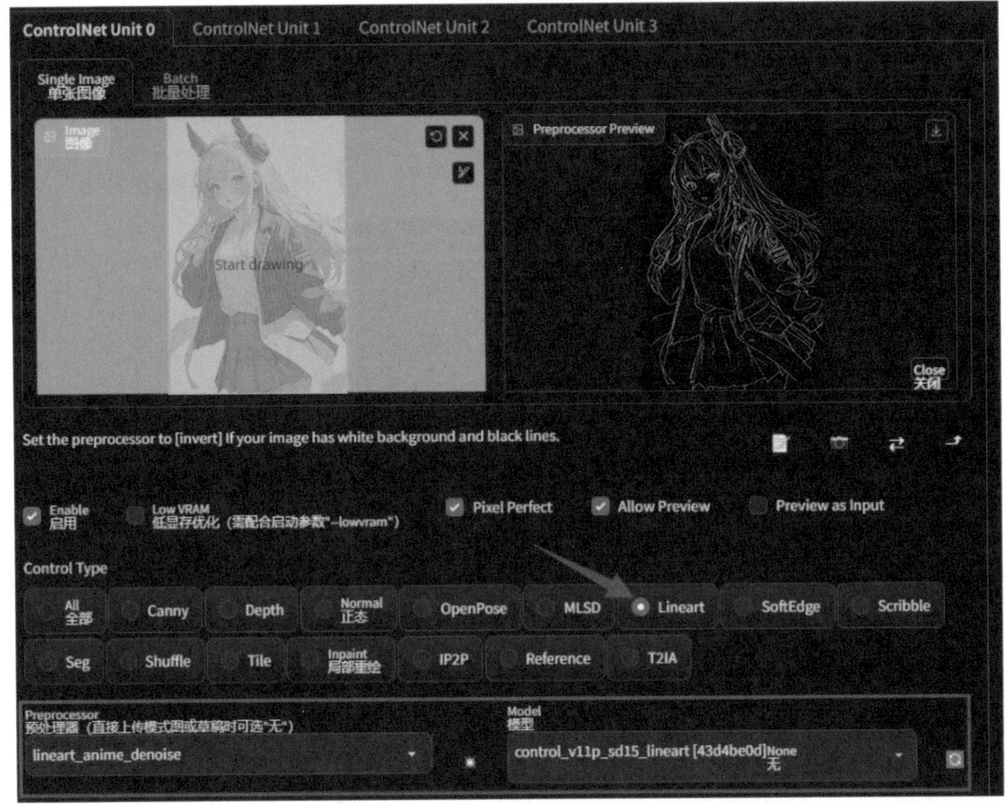

图 10-7

（2）用鼠标点住提取出来的线条不动，再拖入左侧 ControlNet 图片窗口，如图 10-8 所示。

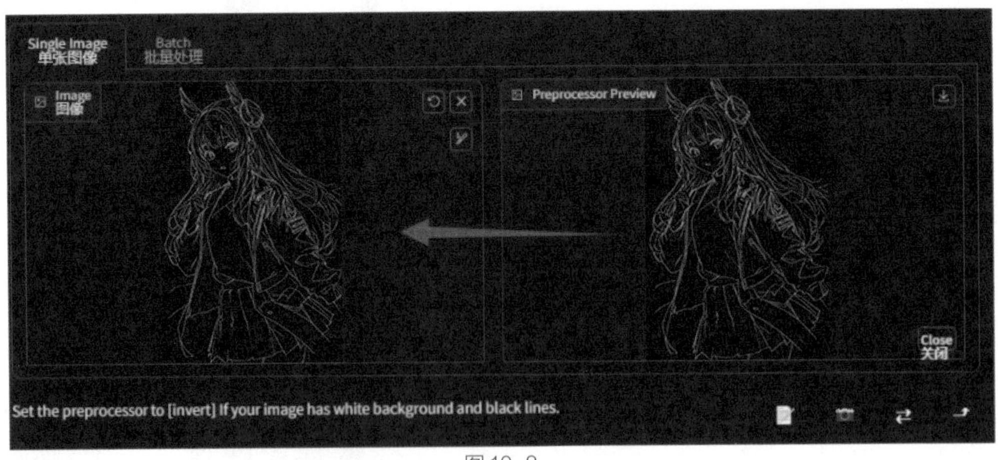

图 10-8

（3）输入【提示词】并调整尺寸，其他参数默认不变，如图 10-9 所示。

注意：线稿与上色的【大模型】风格需要对应，否则，生成的图片效果会偏离预期。这里选择的是【AWPainting_v1.0】二次元风格的模型，如图 10-10 所示。

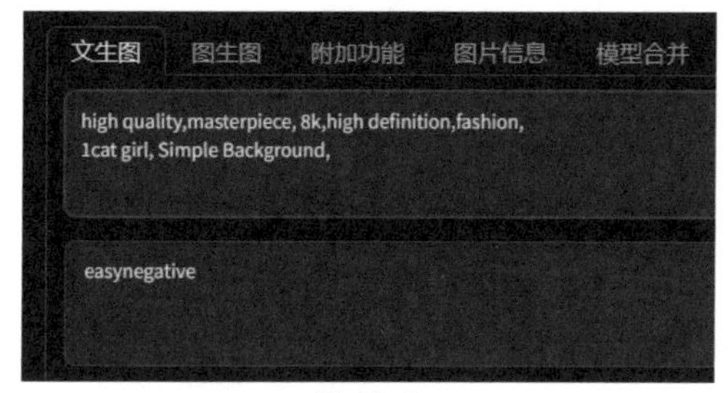

图 10-9

图 10-10

（4）参数设置如下。

采样迭代步数：20。

采样方法：Euler a。

选中【高清修复】复选框。

放大算法：R-ESRGAN 4x+ Anime6B。

重绘尺寸：512×768。

其他参数默认不变，如图 10-11 所示。单击【生成】按钮，效果图如图 10-12 和图 10-13 所示。

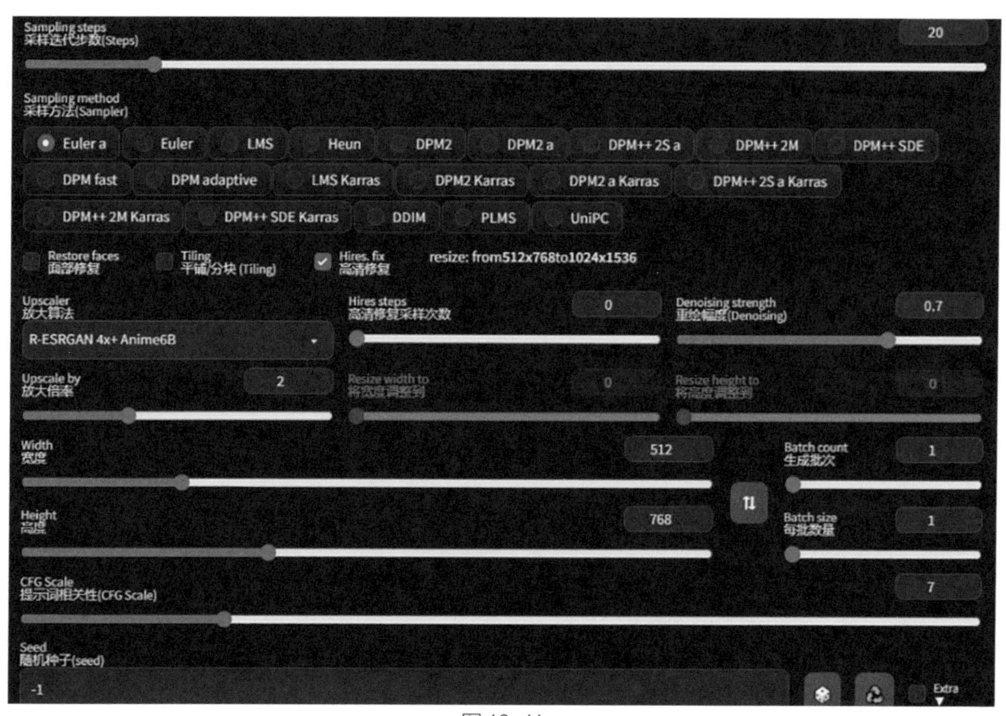

图 10-11

图 10-12

图 10-13

10.3 小说插画

在插画行业中，为小说绘制与之相匹配的插图是一项常见的创作形式。这些插图不仅能帮助读者更好地理解故事情节的展开，还能深化他们对小说所传达情感的体验。单人或多人的插画在小说中扮演着描绘人物形象及关系的角色，绘制时特别需要关注并强调人物之间的动作关系，以展现他们之间的互动和联系。在这个过程中，ControlNet 等技术工具的应用将起到关键作用，助力插画师精准捕捉并表达这些细节。

单人案例　准备战斗的插画

要求：绘制一张进入战备状态的男性角色插画。

步骤解析如下。

（1）打开【文生图】界面，找到 ControlNet，将一张提取好的动作姿势图拖入其中，选择【启用】复选框，控制类型选择【OpenPose】，预处理器选择【none】，如图 10-14 所示。

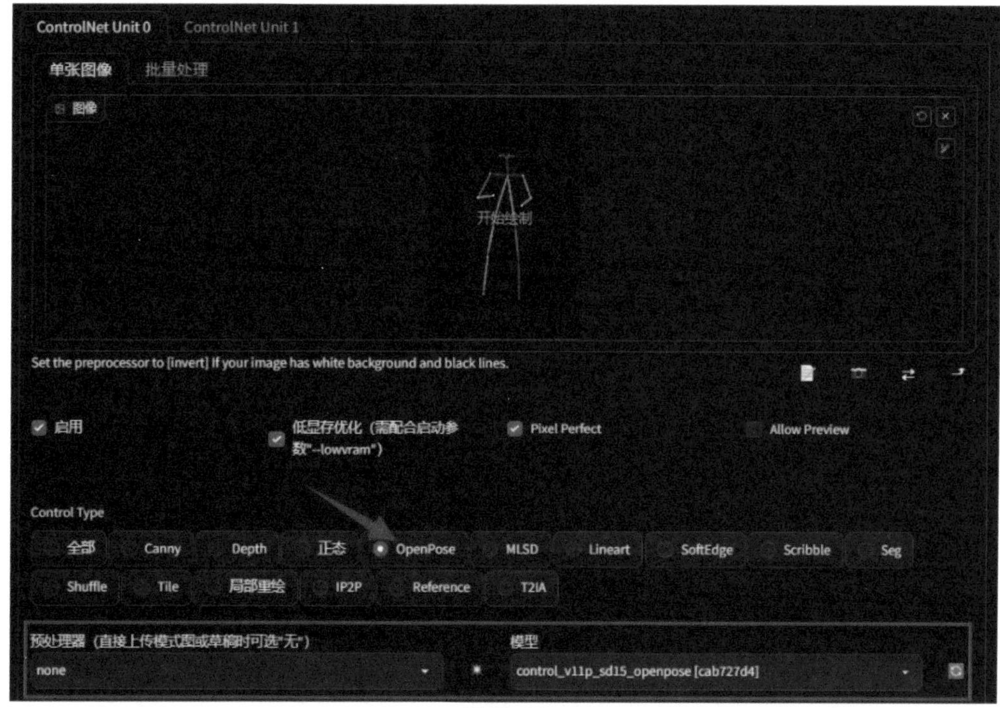

图 10-14

（2）【大模型】选择【revAnimated_v122】选项，【提示词】要重在人物描述，如“john wick bb6 hd wallpaper, in the style of realistic and hyper-detailed renderings, daz3d, iconic album covers, dystopian cartoon, smokey background, mingei”，如图 10-15 所示。

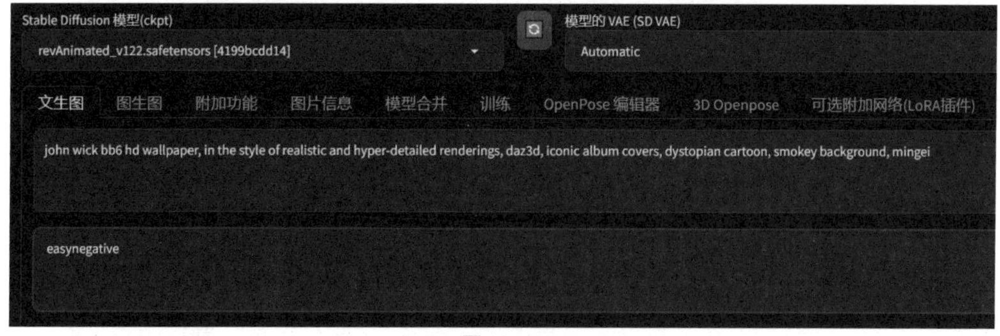

图 10-15

（3）参数设置如下。

采样迭代步数： 30。

采样方法： DPM++2M Karras。

选中【高清修复】复选框。

放大算法： R-ESRGAN 4x+ Anime6B。

重绘尺寸： 512×768。

其他参数默认不变，如图 10-16 所示。单击【生成】按钮，效果图如图 10-17 所示。

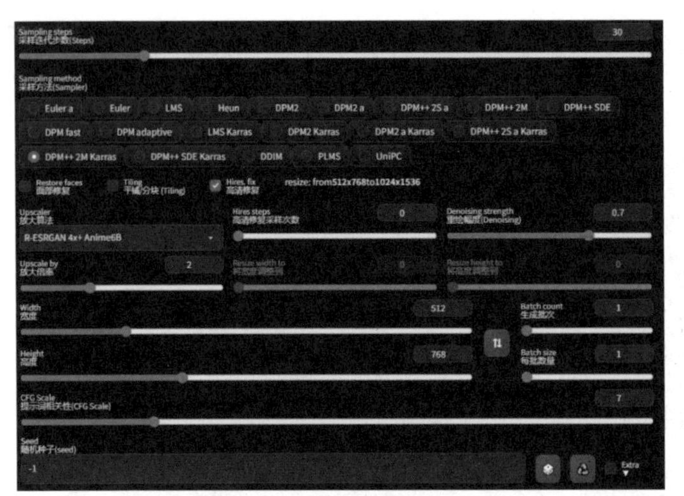

图 10-16

图 10-17

单人案例 **在果蔬市场的插画**

要求：绘制多个女孩在果蔬市场的插画。

步骤解析如下。

（1）在使用 Stable Diffusion 绘制多人插画前，需要下载或制作符合小说情节的姿势图，然后将姿势图拖入 ControlNet 中，选中【启用】复选框，控制类型选择【OpenPose】，预处理器选择【none】，如图 10-18 所示。

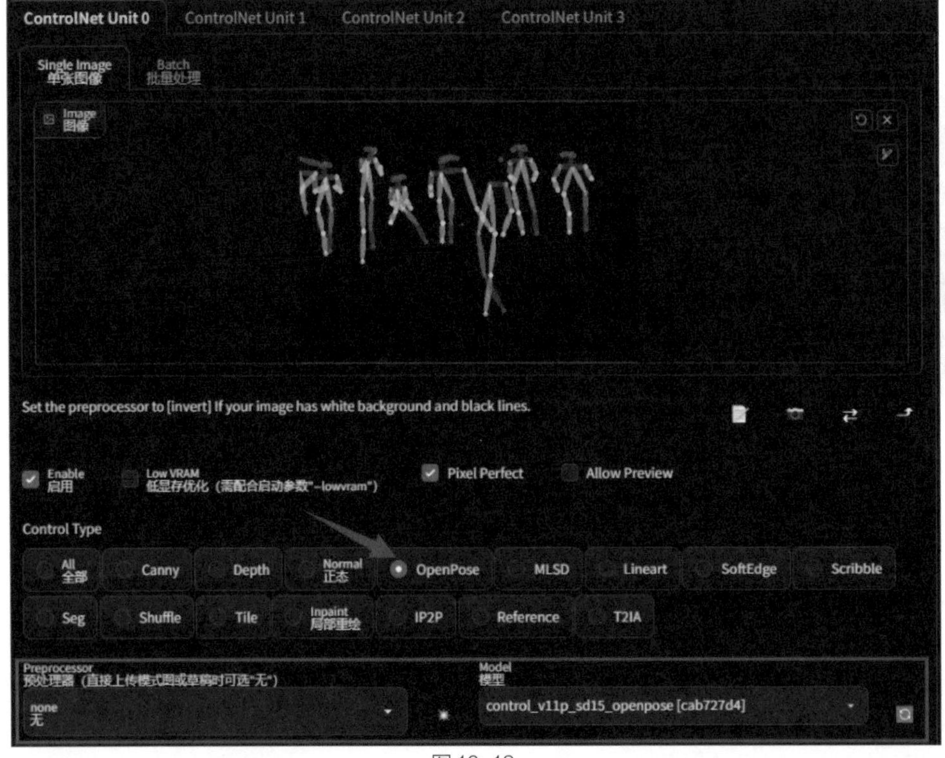

图 10-18

（2）【大模型】选择【AWPainting_v1.0】，【提示词】同样是对人物的基础描述，如“High quality, masterpiece, 8k, high-definition, fashion, A group of people, a lively market”，如图 10-19 所示。

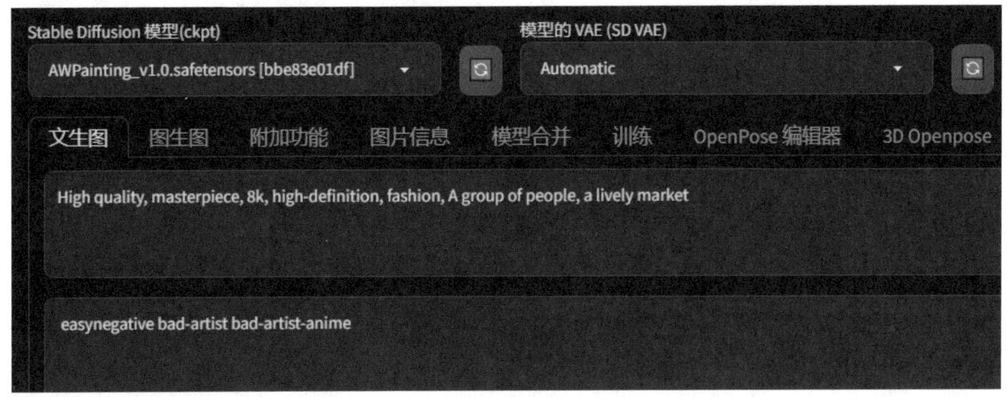

图 10-19

（3）参数设置如下。

采样迭代步数：20。

采样方法：Euler a。

选中【高清修复】复选框。

放大算法：R-ESRGAN 4x+Anime6B。

重绘尺寸：1024×800。

其他参数默认不变，如图 10-20 所示。单击【生成】按钮，效果图如图 10-21 所示。

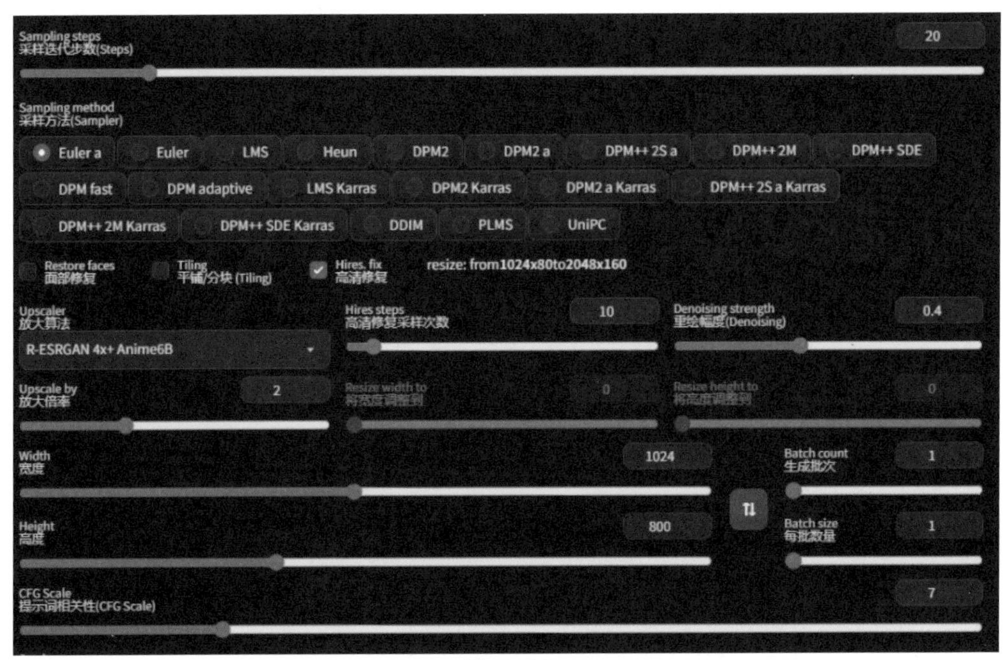

图 10-20

图 10-21

10.4 图片扩充

图像扩充是一项功能强大的技术，它可以在现有图像的基础上扩展图像尺寸并补充生成更多的内容。

案例　补全画面

要求：将一张 512×512 像素的方构图漫画场景更改为 828×768 像素的横构图尺寸。

步骤解析如下。

（1）打开【文生图】界面，选择【AWPainting_v1.0】模型，填写与原图相近的【提示词】，或是通过【Tagger】反推，如“outdoors, scenery, tree, no humans, sky, cloud, house, day,rock,mountain,grass,water,building,river, blue sky, reflection, architecture, bridge, pond, east asian architecture, cloudy sky”，如图 10-22 所示。

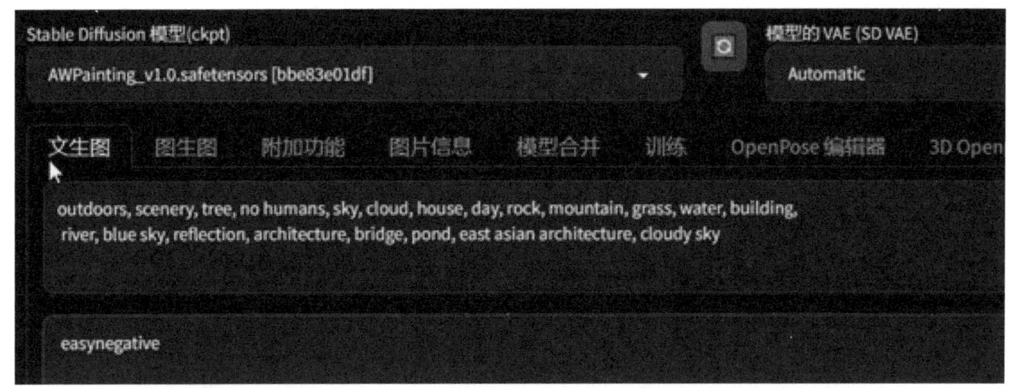

图 10-22

（2）打开【局部重绘】界面，将原图拖入其中，用画笔将图片两边涂黑，Stable Diffusion 会根据涂黑部分进行图片扩充，如图 10-23 所示。

图 10-23

（3）参数设置如下。

缩放模式： 填充。

蒙版模糊： 25。

蒙版模式： 重绘蒙版内容。

蒙版蒙住的内容： 原图。

重绘区域： 全图。

采样迭代步数： 30。

采样方法： DPM++ 2M Karras。

重绘尺寸： 828×768。

重绘幅度： 0.61。

其他参数默认不变，如图 10-24 所示。单击【生成】按钮，效果图如图 10-25 所示。

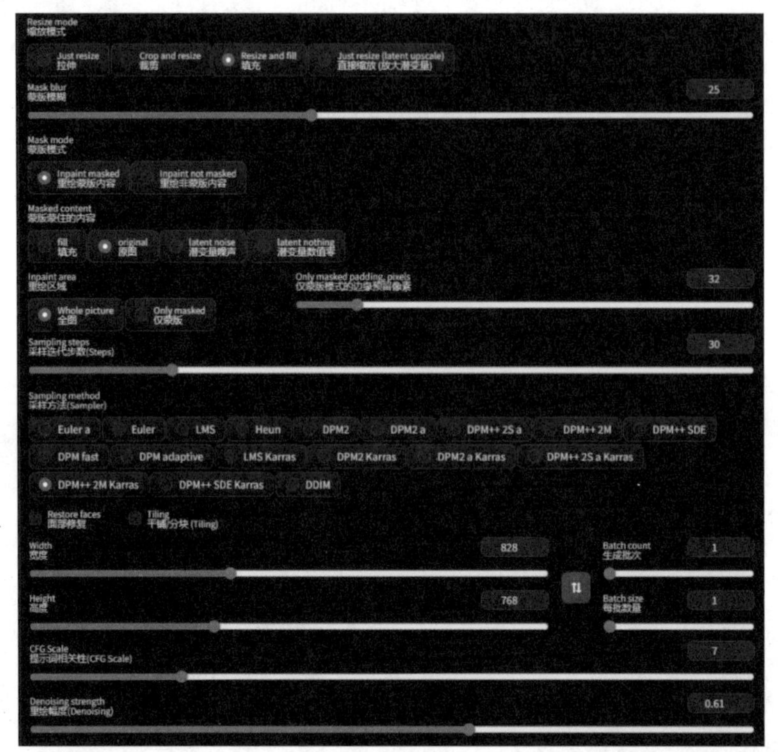

图 10-24

图 10-25

从效果图可以看出，生成的新图保留了原图的内容，并且两边的扩充内容与原图完美地融合在一起。这一功能极大地拓宽了插画师的艺术创作边界，使得他们的作品可以应用在多种场景中。

10.5 AI 辅助海报生成

设计海报需要综合考虑外观设计、营销策略和信息传递等方面的需求。而 AI 绘画工具可以为设计师提供灵感和思路，并在设计过程中提供高效和高质量的帮助。

案例 生成二次元风格的女子篮球赛海报

要求：生成一张二次元风格的女子篮球赛海报。

步骤解析如下。

（1）打开【文生图】界面，选择【AWPainting_v1.0】模型，输入【提示词】，如“High quality, masterpiece,8k,high definition, fashion, Basketball girl, dunk action, poster design”，如图 10-26 所示。

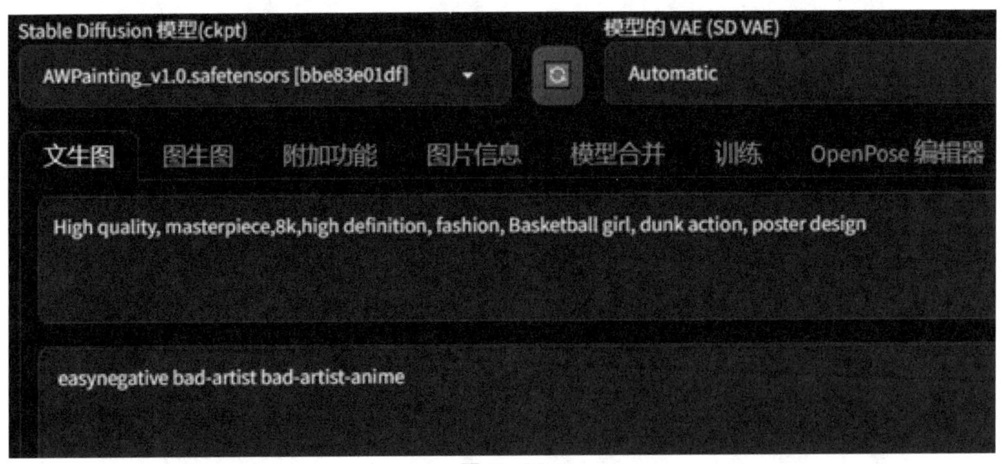

图 10-26

（2）参数设置如下。

采样迭代步数： 20。

采样方法： DPM++ 2M Karras。

选择【高清修复】复选框。

放大算法： R-ESRGAN 4x+ Anime6B。

重绘幅度： 0.5。

尺寸： 512×768。

其他参数默认不变，如图 10-27 所示。

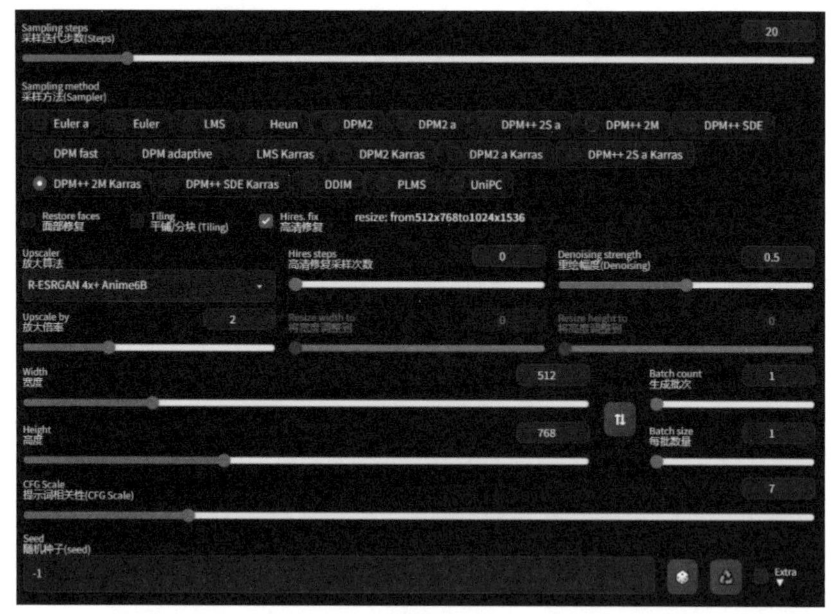

图 10-27

（3）单击【生成】按钮，海报的主图部分就制作好了，效果图如图 10-28 所示。再将主图导入 Photoshop 等设计制图软件中，进行文字编排，最终海报效果如图 10-29 所示。

图 10-28

图 10-29

随着 AI 绘画技术的显著进步，插画师们能够更加充分地利用他们的创意，从而提高工作效率。然而，值得注意的是，AI 绘画技术仍然处于不断发展的阶段，它更多的是作为插画师创作过程中的一种辅助工具。这一技术无法完全替代插画师独特的创作能力和个性化的艺术表达，插画师们仍需依赖自身的艺术感知力和创造力，以创作出真正具有灵魂和魅力的作品。

第11章

建筑绘图不再难：建筑设计

Stable Diffusion 技术为建筑设计领域带来了革命性的设计方案生成方式。它不仅能够通过关键词和参数的灵活调整，辅助设计师进行富有创新性的设计构思和优化方案的探索，还能够极大地减少传统的手动设计过程，即时生成建筑模型和可视化效果，从而帮助设计师更直观地向客户展示和解释设计方案。

11.1 建筑设计线稿生成

在建筑设计中，最常见的视图类型包括以下五种。

❶ 平面图（Floor Plan）

平面图是建筑物在水平方向上的投影图，常用来展示建筑物内部的空间布局，包括房间、墙体、门窗、家具等。平面图通常使用标准符号和尺度表示。

❷ 立面图（Elevation）

立面图是建筑物在垂直方向上的投影图，一般用来展示建筑物外立面的外观和细节，包括窗户、门、梁柱、装饰等。立面图可以呈现建筑物不同侧面的外观。

❸ 剖面图（Section）

剖面图是在建筑物中某个垂直切面上的投影图，通常用来展示建筑物内部和外部的细节和构造。剖面图可以显示建筑物的高度、楼层分布、墙体构造等。

❹ 透视图（Perspective View）

透视图是通过透视投影技术来呈现建筑物的三维外观。透视图可以提供更真实的视觉效果，呈现建筑物在空间中的比例和尺度关系。透视图包括室内视角和室外视角。

❺ 立体模型（Physical Model）

立体模型是通过物理方式构建的三维模型，常用来展示建筑物的整体形状、结构和外观。立体模型可以以实体模型、虚拟模型或代表性模型的形式存在，帮助人们更直观地感知和评估建筑的特征。

下面是 Stable Diffusion 在建筑设计中的应用案例。

案例1 生成建筑外观设计线稿图

要求：生成一张建筑外观设计线稿图。

步骤解析如下。

（1）打开【文生图】界面，【大模型】可以选择线稿更精细的二次元模型，如【Anything-V3.0】模型。输入建筑相关的【提示词】和“lineart, monochrome”等核心词，如图 11-1 所示。

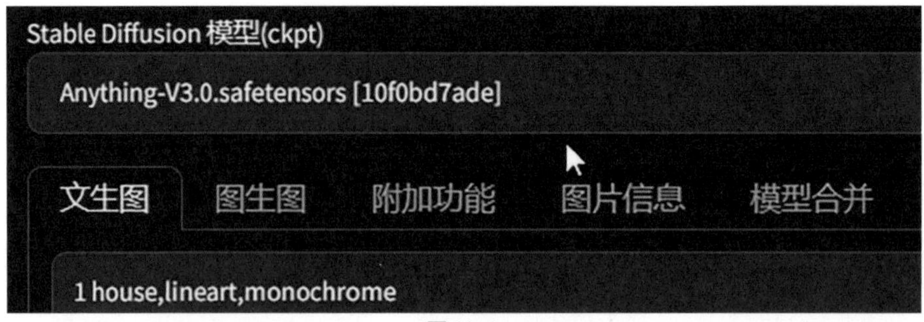

图 11-1

（2）调整参数如下。

采样迭代步数：20。

采样方法：Euler a。

尺寸：768×768。

其他参数默认不变，如图 11-2 所示。单击【生成】按钮，效果图如图 11-3 所示。

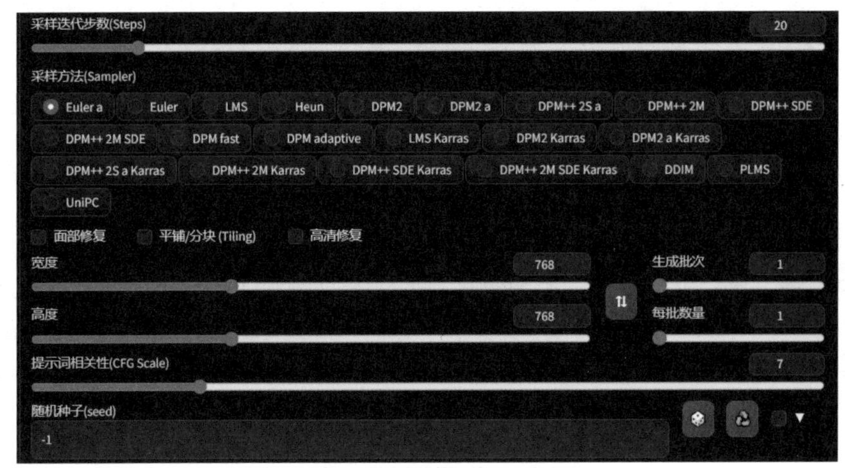

图 11-2

图 11-3

案例2 **中式风格建筑设计图纸**

要求：生成一张具有中式风格的建筑设计图纸。

步骤解析如下。

（1）在网站上下载建筑图纸【Lora】，如中式建筑图纸模型，如图 11-4 所示。

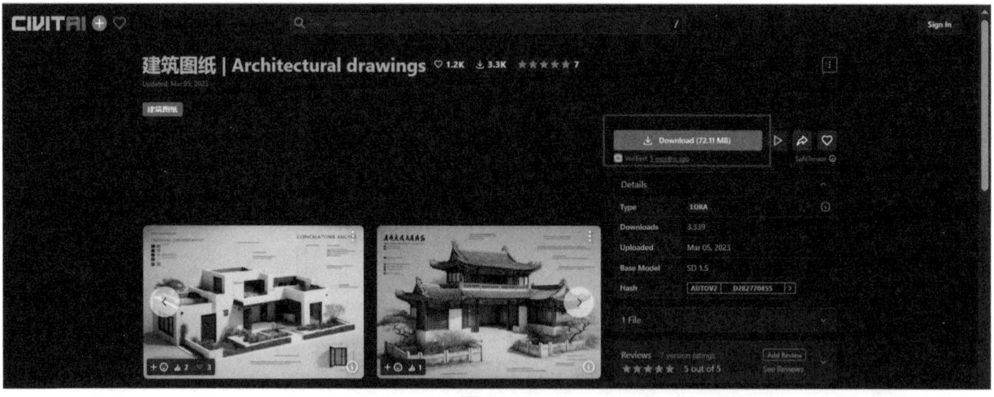

图 11-4

（2）打开【文生图】界面，输入【提示词】，如“lineart, monochrome, Plan view，Chinese style house”，根据需要调整【权重】，再添加中式建筑图纸 Lora，如图 11-5 所示。

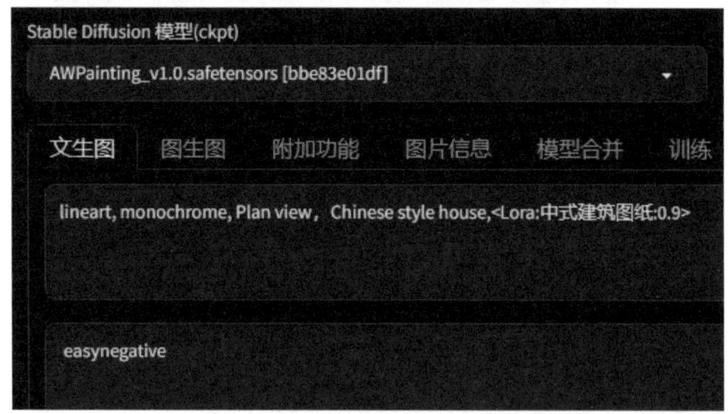

图 11-5

（3）参数设置如下。

采样迭代步数： 30。

采样方法： Euler a。

尺寸： 1024 × 678。

选中【高清修复】复选框。

放大算法： R-ESRGAN 4x+ Anime6B。

其他参数默认不变，如图 11-6 所示。单击【生成】按钮，效果图如图 11-7 所示。

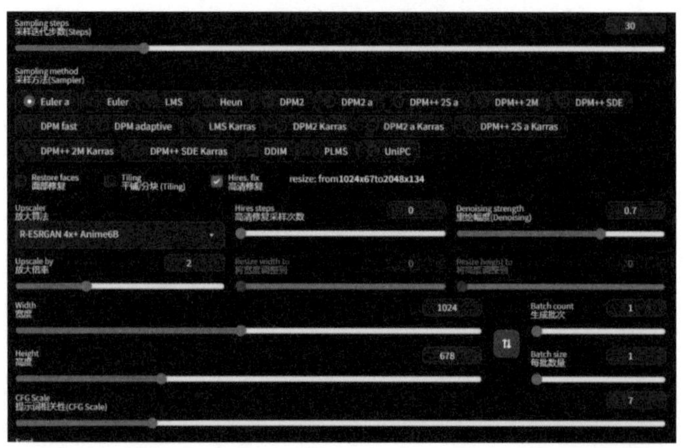

图 11-6

图 11-7

（4）尝试将【Lora】更改为【大模型】，生成不同风格的设计图纸，这里使用了现实建筑模型，如图 11-8 所示。单击【生成】按钮，效果图如图 11-9 所示。

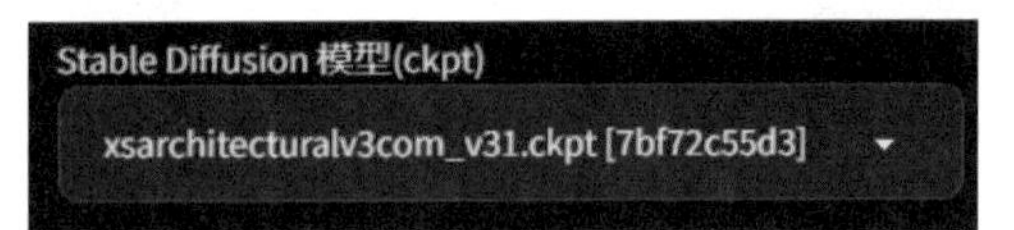

图 11-8

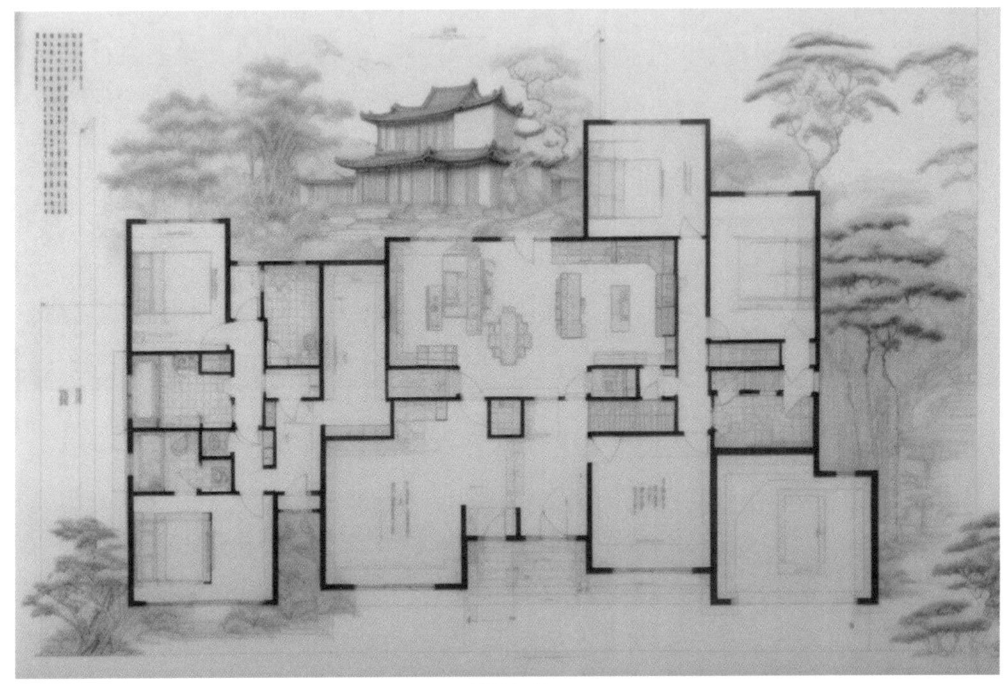

图 11-9

11.2 建筑外观设计线稿上色

Stable Diffusion 能够帮助设计师完成设计线稿图的上色工作，操作也非常简单。

案例1 现实风格建筑图上色

要求：根据线稿上色现实风格建筑图。

步骤解析如下。

（1）打开 ControlNet，将需要上色的线稿拖入其中，此处以上一节案例中生成的线稿图为原型，如图 11-10 所示。

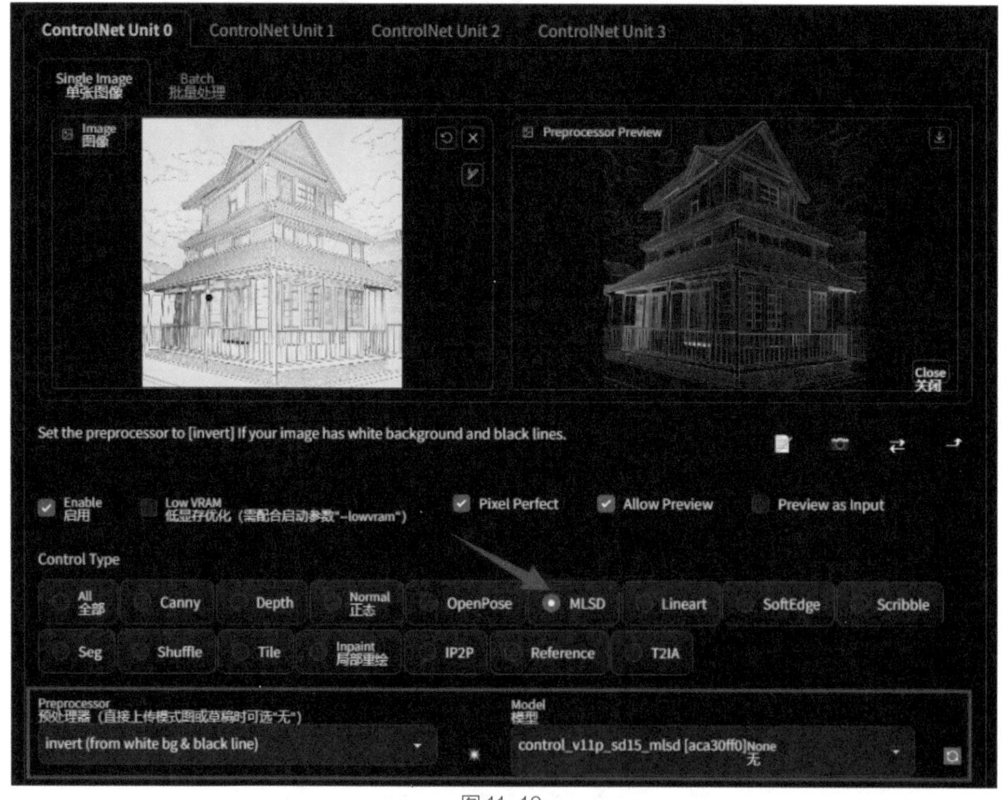

图 11-10

（2）**注意要选中【启用】和【Pixel Perfect】复选框**，控制类型选择建筑类专用的直线模型【MLSD】，预处理器选择【invert】。单击【爆炸】图标进行预览。接着，将右侧的预览图拖入左边窗口并替换白底黑线图，再更换预处理器为【M-LSD 线条检测】，如图 11-11 所示。

图 11-11

（3）选择现实主义风格【大模型】，如【chilloutmix_NiPrunedFp32Fix】。【提示词】中只输入画质和主体词即可，如“high quality, masterpiece, 8k,high definition, fashion, 1house”，【反向提示词】选择通用的 Embedding，具体可以根据需要调整，如图 11-12 所示。

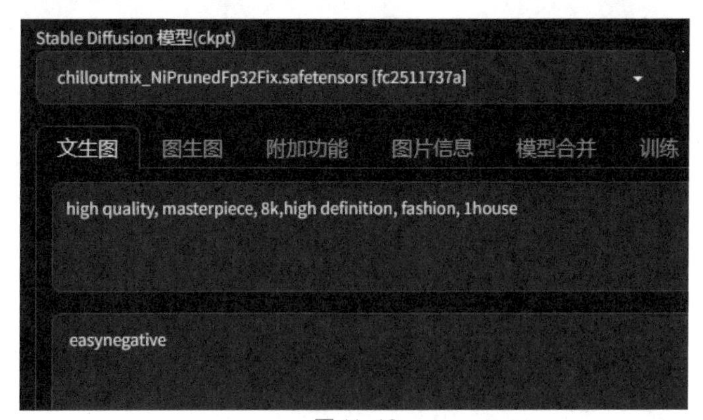

图 11-12

（4）参数设置如下。

采样迭代步数：40。

采样方法：Euler a。

尺寸：768×768。

其他参数默认不变，如图 11-13 所示。单击【生成】按钮，效果图如图 11-14 所示。

采样迭代步数(Steps) 40

采样方法(Sampler)

Euler a | Euler | LMS | Heun | DPM2 | DPM2 a | DPM++ 2S a | DPM++ 2M | DPM++ SDE | DPM++ 2M SDE | DPM fast | DPM adaptive | LMS Karras | DPM2 Karras | DPM2 a Karras | DPM++ 2S a Karras | DPM++ 2M Karras | DPM++ SDE Karras | DPM++ 2M SDE Karras | DDIM | PLMS | UniPC

面部修复 平铺/分块 (Tiling) 高清修复

宽度 768 生成批次 1

高度 768 每批数量 1

提示词相关性(CFG Scale) 7

随机种子(seed)

-1

图 11-13

图 11-14

案例2　生成景观建筑模型效果图

要求：生成一张景观建筑模型效果图。

步骤解析如下。

（1）打开 ControlNet，将景观建筑模型图拖入其中，选中【启用】和【Pixel Perfect】复选框。控制类型选择【MLSD】，预处理器选择【M-LSD 线条检测】，单击【爆炸】图标，如图 11-15 所示。

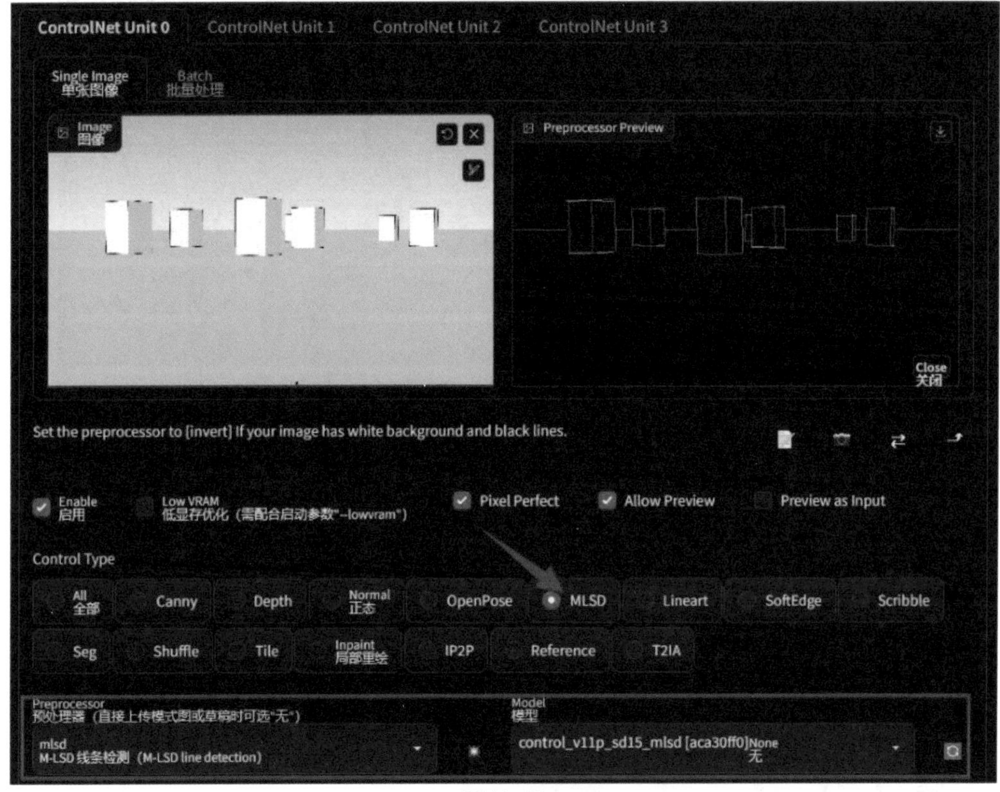

图 11-15

（2）【大模型】选择【chi lloutmix_NiPrunedFp32Fix】，如图 11-16 所示。输入相关【提示词】，如“No one, clouds, outdoors, scenery, sky, buildings, tall buildings, windows, trees, grass, cities, roads, houses”，【反向提示词】选择通用的 Embedding，如图 11-17 所示。

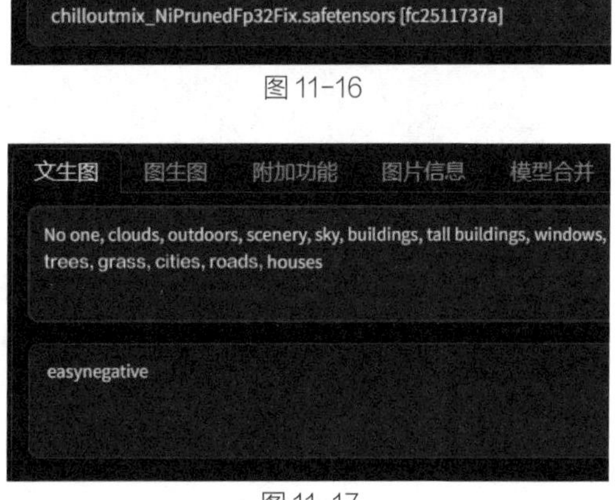

图 11-16

图 11-17

（3）参数设置如下。

采样迭代步数： 40。

采样方法： Euler a。

尺寸： 1048×882。

其他参数默认不变，如图 11-18 所示。单击【生成】按钮，效果图如图 11-19 所示。

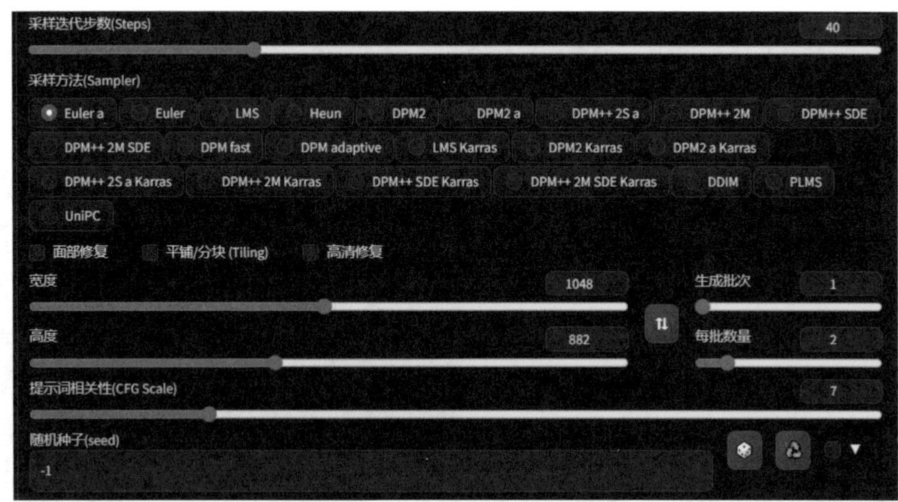

图 11-18

图 11-19

11.3 室内设计效果图

室内设计是建筑设计领域不可忽视的一部分，它专注于室内空间的功能性、美学价值和提升居住者的整体体验，包括选择材料、布置家具、颜色搭配、照明设计等多方面。

案例 生成卧室设计效果图

要求：快速生成一张卧室的设计效果图。

步骤解析如下。

（1）打开【文生图】界面，【大模型】选择现实胶片风格【majicmixRealistic_v6】，输入【提示词】，如“no humans, flower, curtains, scenery, vase, bed, lamp, chair, table, window, indoors, bedroom, wooden floor, sunlight, pillow, rose, carpet, painting (object), book, clock, day, shade, plant, flower pot”，如图 11-20 所示。

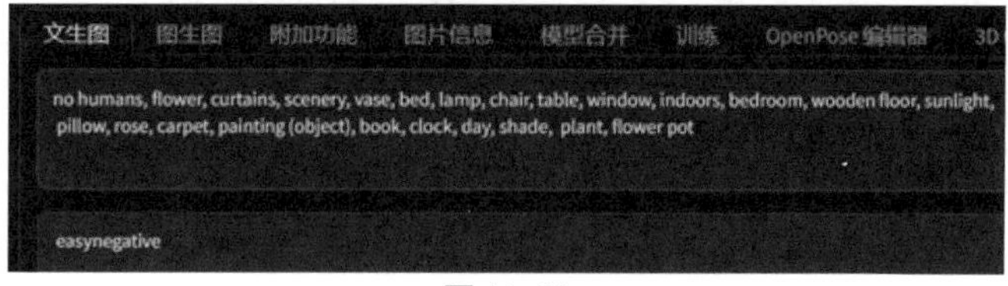

图 11-20

（2）参数调整如下。

采样迭代步数：40。

采样方法：Euler a。

尺寸：776×512。

每批数量：2。

其他参数默认不变，如图 11-21 所示。单击【生成】按钮，效果图如图 11-22 所示。

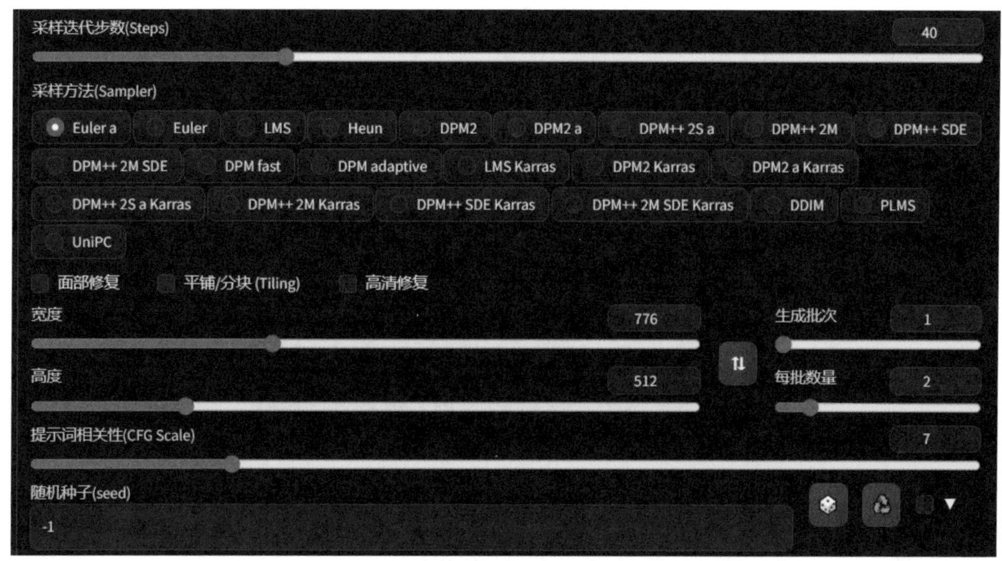

图 11-21

图 11-22

11.4 室内设计线稿图

直接使用【提示词】也能生成室内设计线稿图。

案例 生成客厅设计线稿图

要求：生成一张室内客厅的设计线稿图。

步骤解析如下。

（1）打开【文生图】界面，注意，这里需要先生成线稿，因此【大模型】需要更换成二次元风格的【Anything-V3.0】，如图 11-23 所示。

图 11-23

（2）输入【提示词】时，同样要加上“Lineart，monochrome”等关键词，完整表达如“high quality, masterpiece, 8k,high definition, fashion，Lineart, line drawing, line artwork, monochrome, 1 living room”。接着添加【Lora】模型，【权重】可自行调整，【反向提示词】使用模板或通用的 Embedding，如图 11-24 所示。

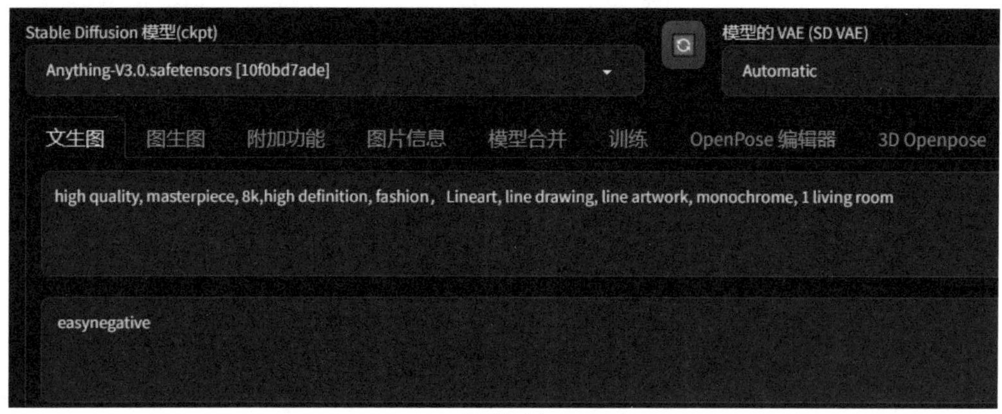

图 11-24

（3）参数调整如下。

采样迭代步数：30。

采样方法：Euler a。

尺寸：768×512。

其他参数默认不变，如图 11-25 所示。单击【生成】按钮，线稿效果图如图 11-26 所示。

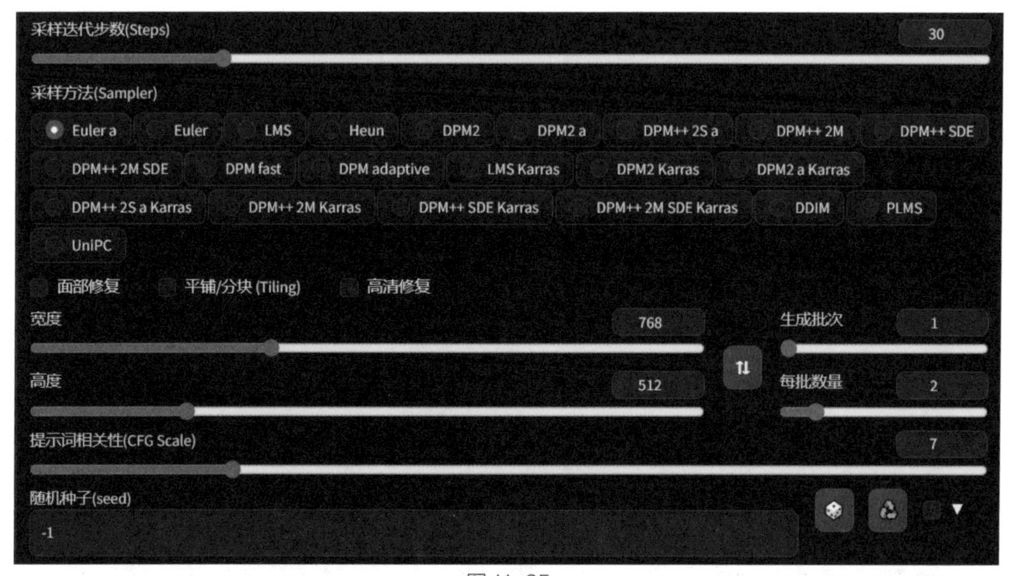

图 11-25

图 11-26

（4）要对线稿图进行深度优化，包括上色，从而将其转化为一张完整的室内设计效果图，我们可以利用 ControlNet 作为辅助工具。首先，将线稿图导入 ControlNet 中，然后勾选【启用】选项，并从控制类型中选择【MLSD】。接下来，选择【M-LSD 线条检测】作为预处理器，最后单击【爆炸】图标进行预览，如图 11-27 所示。

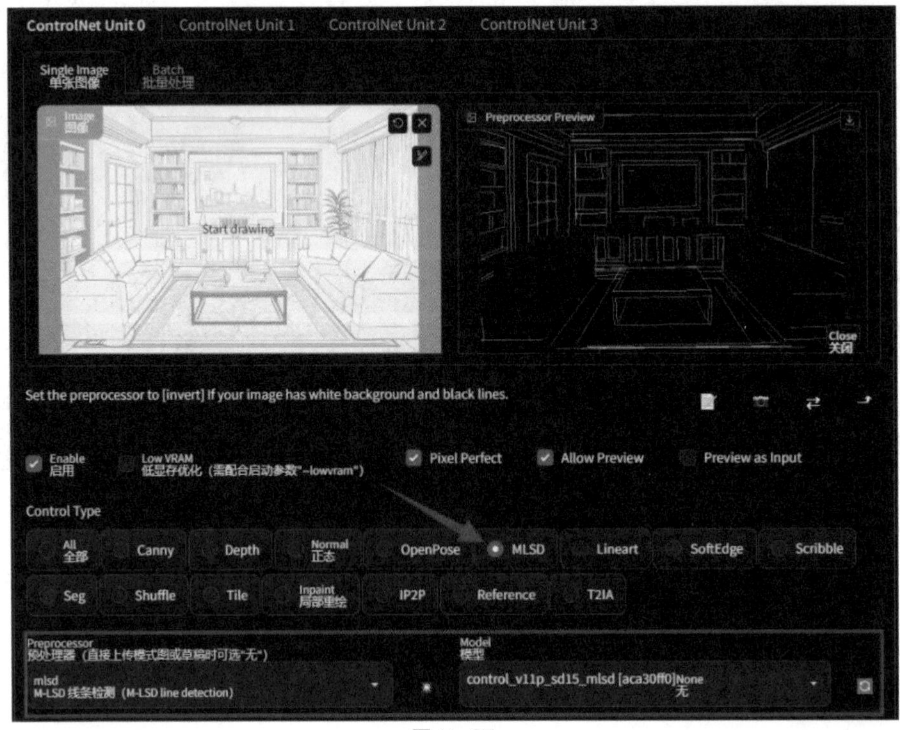

图 11-27

（5）【大模型】选择【majicmixRealistic_v6】，继续输入【提示词】，如 “high quality, masterpiece, 8k,high definition, fashion，no humans, living room”，【反向提示词】使用模板或通用的 Embedding，如图 11-28 所示。

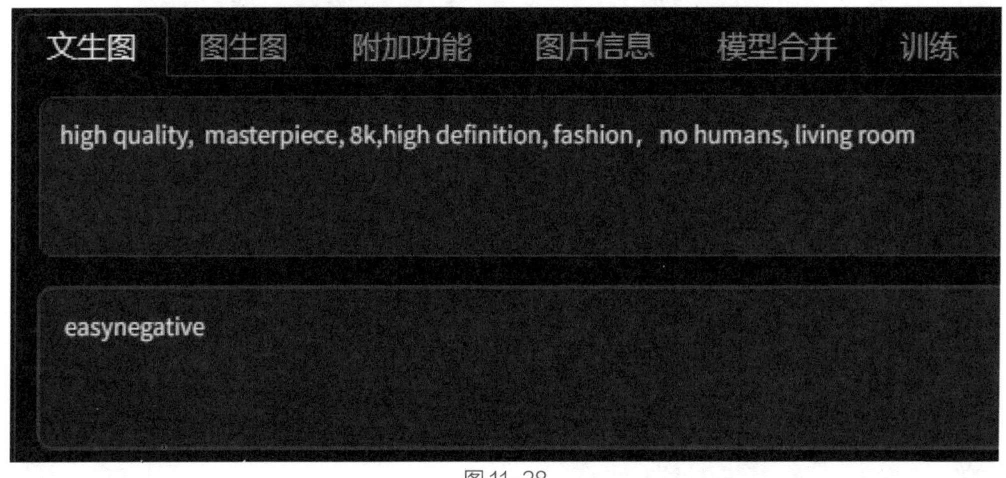

图 11-28

（6）参数调整如下。

采样迭代步数：39。

采样方法：DPM++SDE Karras。

尺寸：768 × 512。

其他参数默认不变，如图 11-29 所示。单击【生成】按钮，效果图如图 11-30 所示。

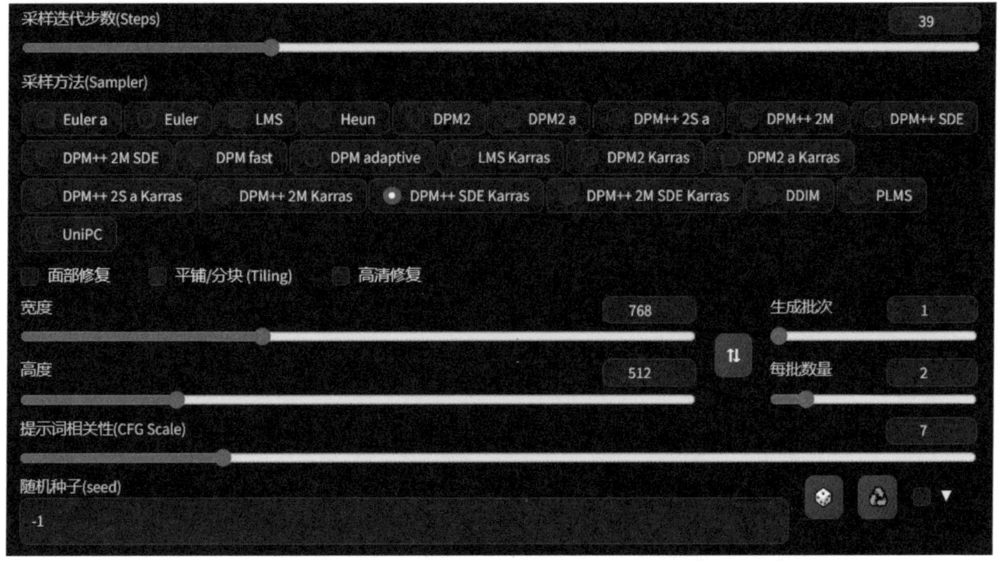

图 11-29

图 11-30

在线稿草图的基础上，颜色的填充工作得以精确完成，使得最终的效果图对原始线稿中的物体轮廓保持了高度的还原。通过使用这种先进的工具，设计师可以专注于图稿的设计而无须立即进行着色，随后再利用 Stable Diffusion 技术进行快速且准确的上色，从而生成精美的效果图。这一流程极大地提升了设计师的工作效率，同时也预示着随着 AI 技术的不断进步，建筑设计行业将朝着更高效、更可靠的方向发展。

第12章

更多应用：其他行业设计

随着 AI 绘画技术的持续进步与创新，Stable Diffusion 技术的应用领域正日益拓宽，不仅在绘画领域大放异彩，而且在摄影行业也开始展现其独特的价值。例如，它正被用于辅助生成精美的婚纱照，修复珍贵的老照片，以及快速更换照片的风格等，从而为摄影师和爱好者带来了更多创意和可能性。

12.1 婚庆公司风格化结婚照

Stable Diffusion 可以通过风格转换、变换场景、调整光影等技术来增强婚纱照的艺术感。

案例1 婚纱照写真

要求：根据人物姿势图生成一张风格化的婚纱照写真。

步骤解析如下。

（1）婚纱照的重点是模特的姿势，需要先找到与婚纱照相符的姿势图，如图 12-1 所示。

（2）打开 ControlNet，将这张姿势图拖入其中，选中【启用】复选框，控制类型选择【OpenPose】，预处理器选择【none】，如图 12-2 所示。

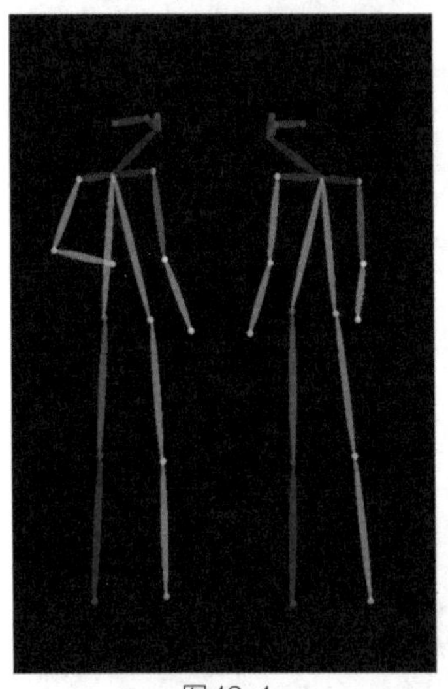

图 12-1

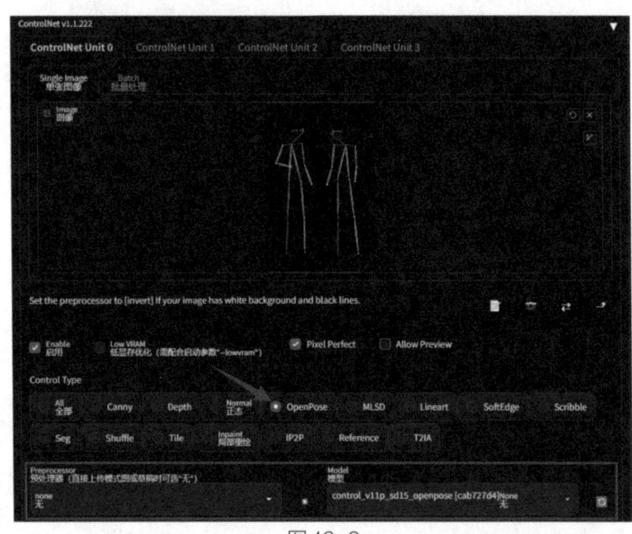

图 12-2

（3）选择现实风格的【大模型】，如【chilloutmix_NiPrunedFp32Fix】，输入相关的【提示词】，可以是理想的婚纱照场景、风格、光影等，如“high quality, masterpiece, 8k,high definition,fashion,1 girl and 1 boy, wedding dress, suit, wedding photo, beach”，【反向提示词】使用模板或通用的 Embedding，如图 12-3 所示。

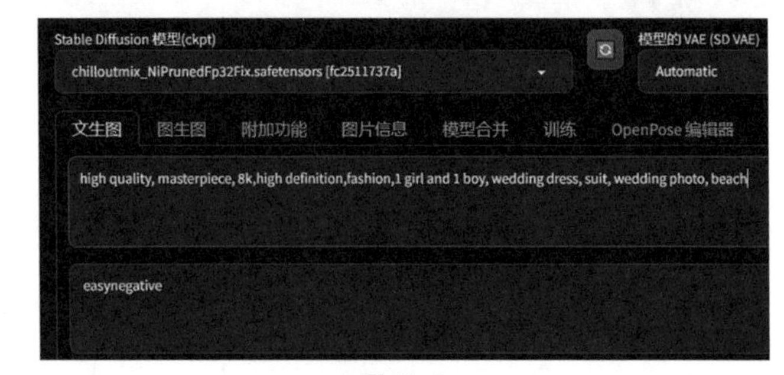

图 12-3

（4）参数设置如下。

采样迭代步数：30。

采样方法：DPM++2M Karras。

选中【高清修复】复选框。

放大算法：R-ESRGAN 4x+。

高清修复采样次数：10。

重绘幅度：0.4。

重绘尺寸：576×768。

每批数量：2（多生成几张图片，择优选择）。

其他参数默认不变，如图 12-4 所示。单击【生成】按钮，效果图如图 12-5 所示。

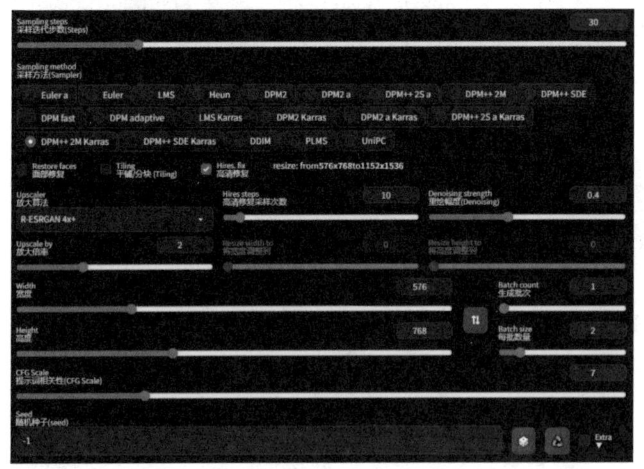

图 12-4

图 12-5

案例2 从已有的婚纱照片生成新的婚纱照片

要求：从已有的婚纱照片中提取姿势并生成一张新的婚纱照片。

步骤解析如下。

（1）将婚纱照原图拖入 ControlNet 中，选中【启用】复选框，控制类型选择【OpenPose】，预处理器选择【openpose 姿态检测】，将姿势提取出来，如图 12-6 所示。

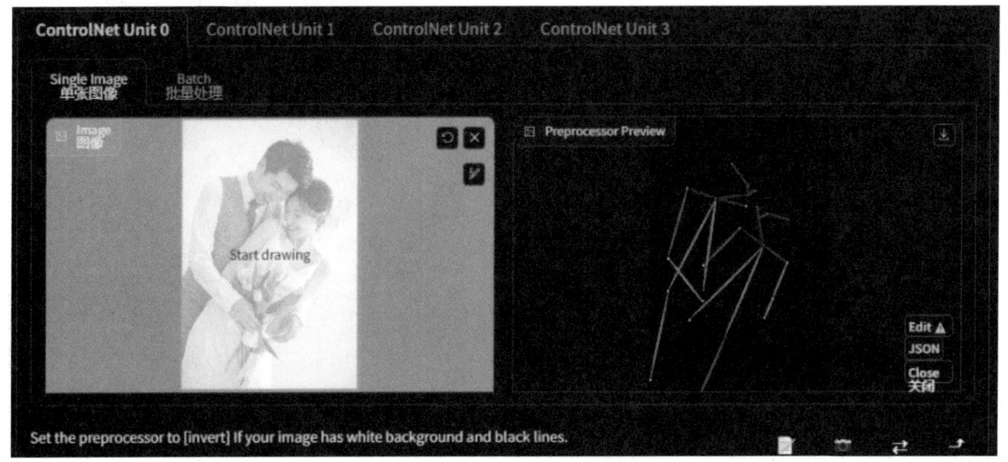

图 12-6

（2）提取出姿势骨架图之后，按照案例1的步骤进行操作，控制类型选择【OpenPose】，预处理器选择【none】，如图12-7所示。

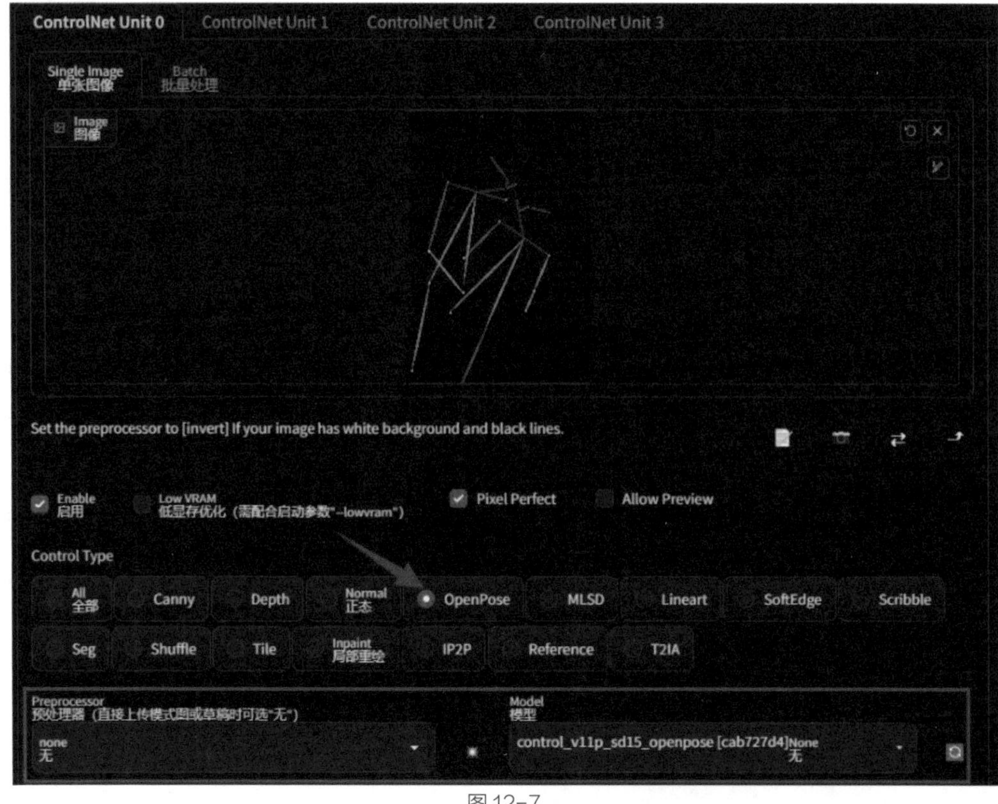

图12-7

（3）调整一下【提示词】，如“high quality,masterpiece,8k,high definition,fashion,1girl and 1boy,smile,wedding dress,suit,wedding photos,indoor,minimalist background”，如图12-8所示。其他参数不变，单击【生成】按钮，效果图如图12-9所示。

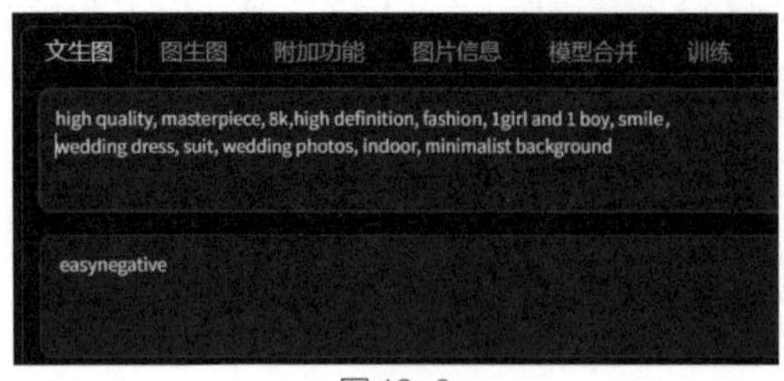

图12-8

图12-9

12.2 旧照片修复

修复旧照片是摄影行业最常见的工作任务之一，可以使用 Stable Diffusion 中的【高清放大】功能辅助完成旧照片的修复工作。

案例　修复年代久远的模糊老照片

要求：修复一张年代久远的模糊老照片，如图 12-10 所示。

步骤解析如下。

（1）找到主界面中的【附加功能】，将老照片拖入其中，如图 12-11 所示。

图 12-10

图 12-11

（2）参数设置如下。

缩放比例： 4。

Upscaler 1： ScuNET（模糊扩大）。

Upscaler 2： BSRGAN（边缘锐化）。

放大算法 2 可见度： 0.85。

此案例可以根据实际情况调整 GFPGAN 和 CodeFormer 参数，如图 12-12 所示。单击【生成】按钮，得到修复后的照片如图 12-13 所示。

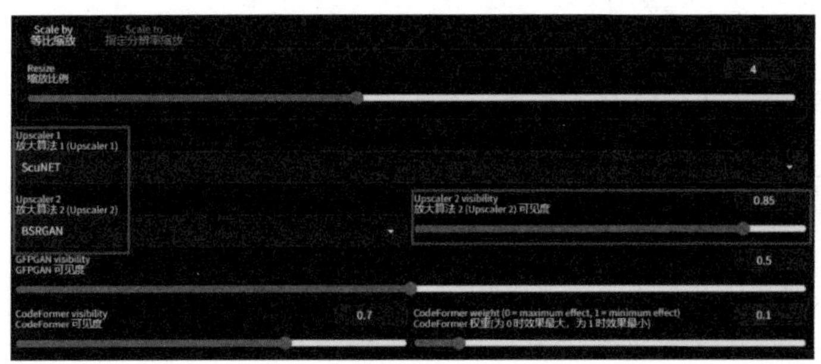

图 12-12

图 12-13

12.3 图片风格转换

Stable Diffusion 是一款功能强大的图像处理软件，它可以轻松将图片转换成多种不同的风格。其中，定制插画头像是该功能应用最广泛的领域之一。

案例 生成二次元风格插画头像

要求：以图 12-14 中的女生照片为素材，生成一张二次元风格的插画头像。

步骤解析如下。

（1）将这张图拖入 ControlNet 中，选中【启用】复选框，控制类型选择【Canny】，预处理器选择【Canny 边缘检测】，将外轮廓提取出来，如图 12-15 所示。

图 12-14

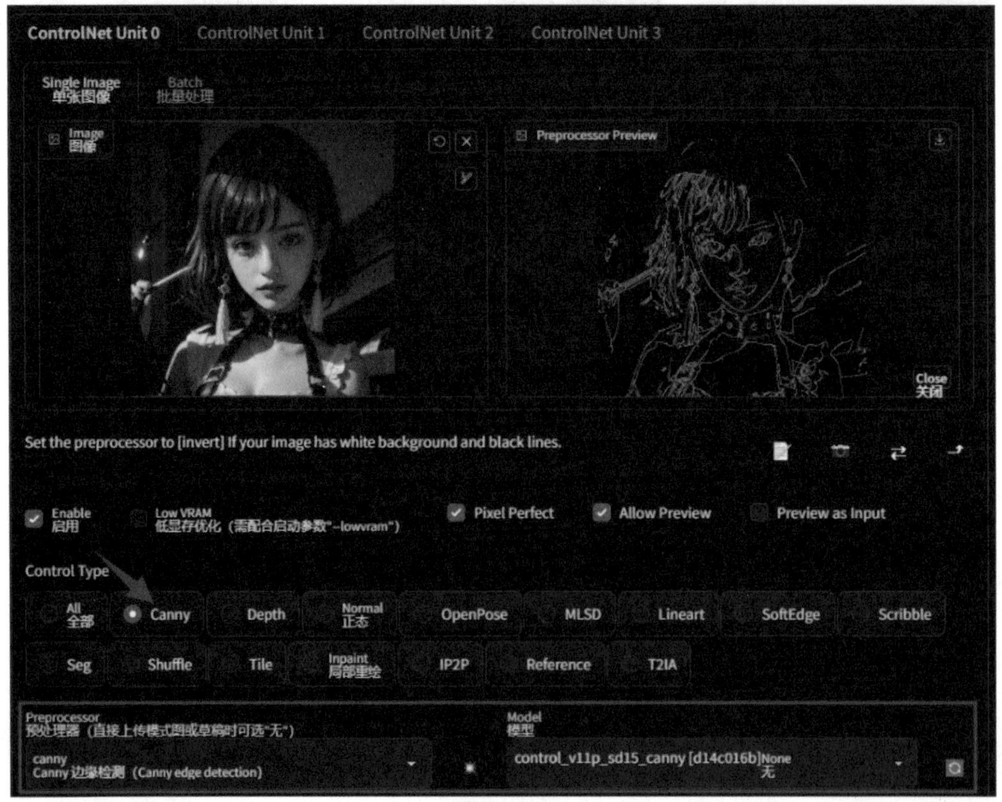

图 12-15

（2）选择二次元风格的模型，如【AWPainting_v1.0】，如图 12-16 所示。【提示词】可以只写画质词、主体词和【反向提示词】，如图 12-17 所示。

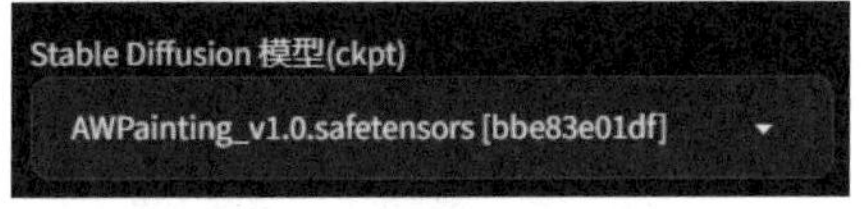

图 12-16

图 12-17

（3）参数设置如下。

采样迭代步数：30。

采样方法：Euler a。

选中【高清修复】复选框。

放大算法：R-ESRGAN 4x+ Anime6B。

重绘尺寸：512×512。

其他参数默认不变，如图 12-18 所示。单击【生成】按钮，效果图如图 12-19 所示。

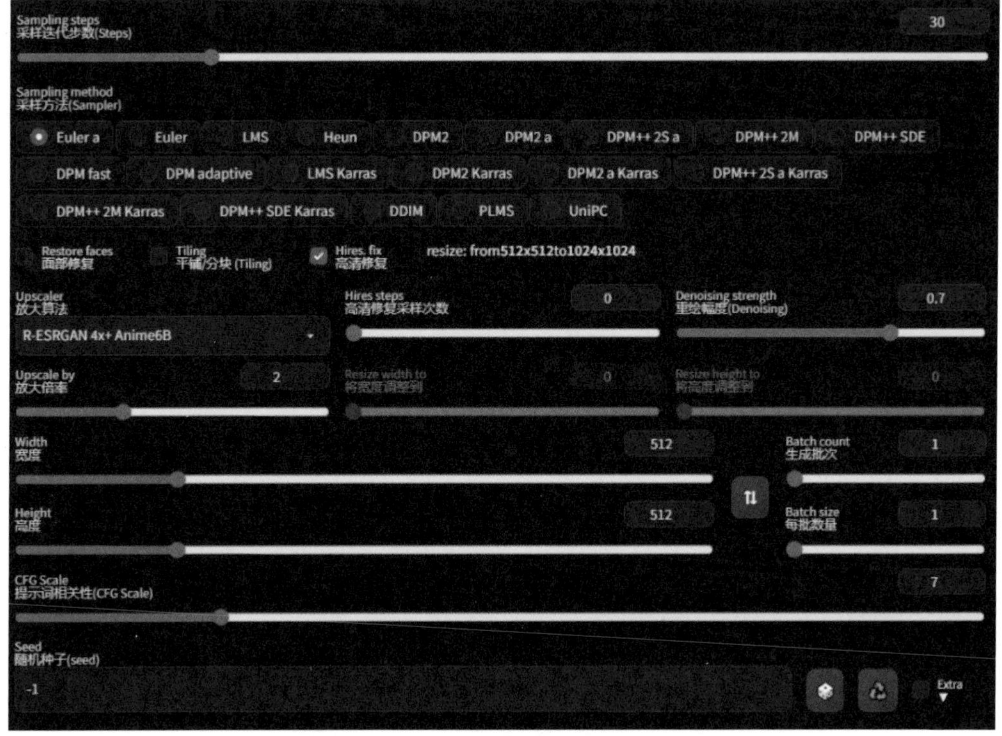

图 12-18

图 12-19

与传统的过滤器或滤镜相比，Stable Diffusion 不仅能够实现更高质量的转换效果，还可以保持照片的真实性，使转换后的图像更加逼真和精确。

第13章

思考：AI 绘画存在的问题与展望

AI 绘画技术以其引人注目的创新力逐渐融入了艺术创作的领域。然而，这项技术在不断发展的同时，也带来了一系列令人深思的问题。

13.1 版权与伦理问题

随着人类进入知识经济时代，知识产权作为一种重要的财产形式受到了法律的保护。AI绘画的“版权与伦理问题”也成了当下备受关注的一个议题。

13.1.1 AI 生成作品的版权归属

AI 生成作品的版权归属是一个错综复杂的议题，涉及技术、法律、伦理和创作等多个领域。结合官方政策以及文化艺术领域从业者的见解与讨论，以下是对该议题核心要点的精炼总结。

❶ 创作内容的合法性

2023 年 8 月 15 日，由国家网信办联合国家发展改革委、教育部、科技部、工业和信息化部、公安部、广电总局公布的《生成式人工智能服务管理暂行办法》指出，可以从完善监管和监督框架、加强数据安全保护、推动算法的公正性、提升技术创新与场景应用能力等四个方面推进生成式人工智能健康发展和规范应用，从而维护国家安全和社会公共利益，保护公民、法人和其他组织的合法权益。

❷ 创作过程的透明性

为了确定创作权归属，可以要求 AI 技术开发者在生成作品时记录创作过程、输入数据和算法等信息，以便在需要时证明作品的创作来源和过程。

❸ 合同和许可协议

在使用 AI 生成作品时，可以通过合同和许可协议明确双方的权利和义务，包括作品的版权归属、使用范围、分成等内容。

❹ 创作者署名权

无论 AI 生成作品的版权归属如何，我们仍应重视并考虑在作品中保留创作者的署名权。即使作品的创作主体是 AI，但背后往往凝聚了人类创作者在数据收集、算法设计、模型训练等方面的辛勤付出和贡献。因此，保留创作者署名权不仅能够体现人类创作者的价值，也有助于促进 AI 技术在艺术创作中的健康发展。

❺ 创作性质的区分

根据作品的性质和创作过程，可以区分哪些作品更倾向于人类创作者的创意，哪些作品更倾向于 AI 生成的模仿。这有助于界定版权归属。

❻ 公共政策和社会共识

在制定相关政策时，需要广泛征求各界意见，形成社会共识，以确保公平、公正和合理。

13.1.2 伦理与道德的考量

人工智能技术的发展和应用，不仅改变了人类的生活和工作方式，还引发了一系列伦理道德问题。

首先，这些道德与伦理问题涉及科技对人类生活和社会结构的影响。技术的推动可能会引发社会变革，改变就业结构，影响人们的日常生活和社会互动方式。

其次，这些道德与伦理问题还关系到人类自身的利益。在技术的影响下，我们需要明确界定人与技术的关系，保护人类的权利。

最后，这些道德与伦理问题对创新的方向和目标至关重要。在追求技术突破的同时，我们需要思考技术与人类社会文化价值观之间的关系，从而为人类社会的长期可持续发展做出贡献等。

13.1.3 可能的解决方案与政策建议

解决 AI 生成作品的版权与伦理问题是一项跨领域、多维度的挑战，它涵盖了法律、技术、伦理、算法、数据安全和管理框架等多个方面。为了应对这一挑战，我们需要各方协同合作，共同推进。通过构建明确的法律框架，建立伦理审查机制，加强科技与伦理研究的结合，促进跨学科合作，并鼓励公众参与讨论与监督，我们有望在未来找到更加合理、公正且可持续发展的解决方案，实现技术与伦理的和谐共存，从而推动 AI 技术在艺术创作和社会应用中的健康发展。

13.2 AI 绘画滥用的法律风险

科技的飞速发展，不仅带来了前所未有的便利和进步，同时也为不法分子提供了更为隐蔽和高效的作案手段，时至今日，利用 AI 从事非法活动牟取暴利的案例层出不穷。

13.2.1 新形式诈骗

AI 绘画技术的滥用在诈骗领域可能会引发一系列严重问题。例如，不法分子利用 AI 生成逼真的虚假图像，冒充领导、熟人、公检法机关或电商客服，甚至通过伪造征婚交友资料和合成声音等方式，诱骗受害者泄露个人信息或进行转账操作。

为应对这些风险，我们首先需要加强个人的安全防范意识，提升公众对 AI 诈骗手段的识别和应对能力，通过普及教育提高警觉性。同时，相关监管部门应加强对 AI 绘画技术应用的管理与监督，出台相应的规范和标准，确保 AI 技术的合规使用，并严厉打击利用 AI 技术进行的诈骗活动，以维护社会的安全和稳定。

13.2.2 艺术仿制品摇篮

AI 绘画工具的高效图像生成能力是其显著优势，然而，这一技术也被不法分子所利用，制造出许多艺术名家的仿制品。这些仿制品在细节和手法上极其逼真，几乎难以分辨真伪，因此吸引了不少收藏家进行购买。这种仿制品的泛滥无疑对整个文化艺术市场构成了冲击，甚至可能阻碍艺术的健康发展。

为了应对这一问题，不少艺术家呼吁相关部门加强知识产权保护，通过加强法律法规的制定和执行，以及开展公众教育等手段，来防范仿制品的生产和流通。只有确保知识产权得到有效保护，才能维护艺术创作的独特性和创新性，促进艺术市场的健康发展。

13.3 影响与展望

在这个科技与艺术相融合的时代，人类正迎来一场引人瞩目的艺术新浪潮：AI 绘画。这项技术的迅猛发展引发了关于创作、伦理和文化的深刻讨论。AI 绘画将艺术家的创造力与人工智能相结合，将观众带入了一个充满想象力的全新世界。

13.3.1 AI 绘画对艺术世界的长远影响

从艺术创作的维度来看，AI 绘画技术引入了一种前所未有的创作形式，为创作过程带来了革命性的变革。在作品的内涵层面，AI 绘画技术促使我们重新审视艺术的本质和深层意义，从而引发了关于人类创造力、情感表达以及艺术价值的深入讨论。

从文化艺术市场的经济视角出发，AI 绘画技术可能会触发市场结构和商业模式的根本性变革。传统的艺术市场可能因此面临新的挑战，但同时，这也为新兴的数字艺术市场和创新型创意产业提供了前所未有的发展机遇。

因此，AI 绘画技术对艺术世界的影响是深远且多面的。它既有潜力引发革命性的变革，也可能呈现渐进式的演化趋势。在改变艺术创作方式、艺术观念的传播以及市场运作模式的同时，我们也需要仔细权衡技术与人类情感、文化传承以及艺术创新之间的关系，以确保技术能够真正地服务于艺术的发展与繁荣。

13.3.2 艺术与技术共生：未来 AI 绘画的可持续发展

艺术与技术的结合正随着时代的发展而不断深化。对于 AI 绘画而言，其可持续发展的关键在于找到技术创新与艺术创作之间的平衡。这种平衡不仅依赖于技术的不断突破，更离不开人类创造力的注入和引领。同时，道德伦理也是推动 AI 绘画可持续发展的重要考量因素。制定明确的 AI 绘画技术使用规范，避免技术的滥用和不当行为，是确保其健康发展的基石。

此外，公众意识的提高和教育的普及对于 AI 绘画的未来发展同样至关重要。通过加强大众对 AI 技术的理解和认知，我们可以消除不必要的担忧和误解，为 AI 绘画的广泛应用和接受奠定坚实的基础。

最终，AI 绘画的可持续发展需要各界人士的共同努力，共同推动 AI 绘画技术的健康发展，实现技术与艺术的和谐共生。